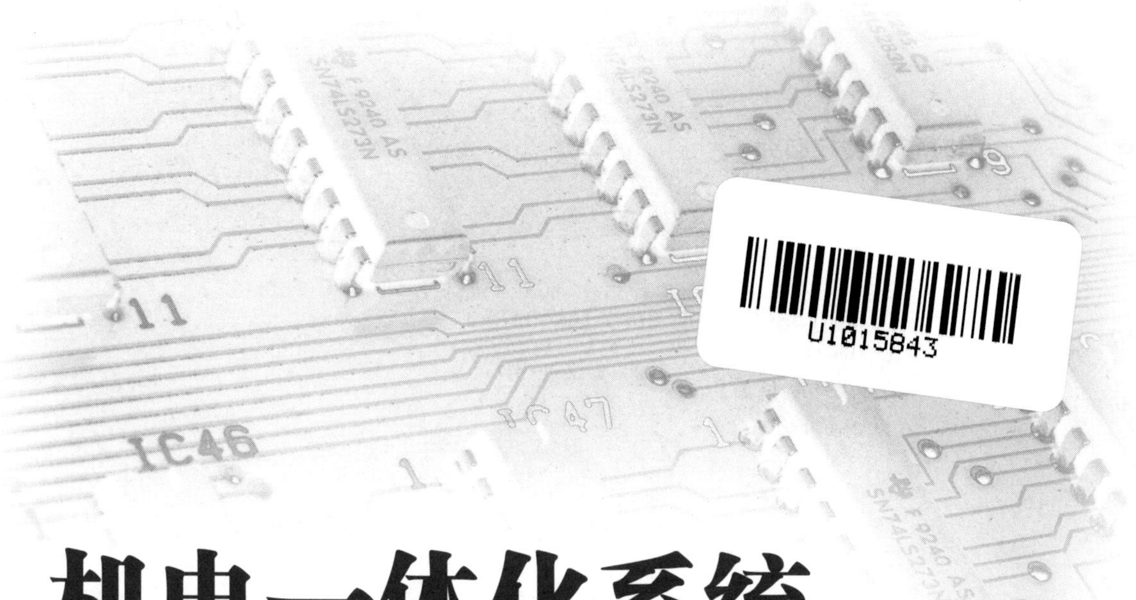

机电一体化系统设计探析

◎张甜 著

湘潭大学出版社
XIANGTAN UNIVERSITY PRESS

图书在版编目（CIP）数据

机电一体化系统设计探析 / 张甜著. -- 湘潭 : 湘潭大学出版社, 2024. 7. -- ISBN 978-7-5687-1472-3
Ⅰ. TH-39
中国国家版本馆 CIP 数据核字第 2024D1Z549 号

机电一体化系统设计探析

JIDIAN YITIHUA XITONG SHEJI TANXI

张甜 著

责任编辑：罗 联
封面设计：张 波
出版发行：湘潭大学出版社
社　　址：湖南省湘潭大学工程训练大楼
电　　话：0731-58298960 0731-58298966（传真）
邮　　编：411105
网　　址：http://press.xtu.edu.cn/
印　　刷：长沙超峰印刷有限公司
经　　销：湖南省新华书店
开　　本：710 mm×1000 mm 1/16
印　　张：10.5
字　　数：204 千字
版　　次：2024 年 7 月第 1 版
印　　次：2024 年 7 月第 1 次印刷
书　　号：ISBN 978-7-5687-1472-3
定　　价：60.00 元

目录
CONTENTS

第一章　机电一体化概述

第一节　机电一体化的概念

随着计算机、信息技术和物联网的迅猛发展和广泛应用，机电一体化技术获得了前所未有的发展，成为一门综合计算机与信息技术、自动控制技术、传感检测技术、伺服传动技术和机械技术等的系统技术，正向光机电一体化、微机电一体化和智能机电一体化的方向发展，应用范围越来越广。

一、机电一体化的定义

机电一体化又称“机械电子工程”或“机械电子学”，英文为“mechatronics”，由英文机械学“mechanics”的前半部分与电子学“electronics”的后半部分组合而成。总体而言，机电一体化是将广义的机械技术和电技术有机结合的一种综合性技术。广义的机械技术是指机械传动、支承和执行技术。广义的电技术是指与信息获取、变换、处理、控制和驱动相关的软硬件技术。“机”与“电”的一体化是通过连接（接口）实现的，接口包括机－机接口、机－电接口、电－电接口等，不仅有“硬”接口，还有“软”接口。

机电一体化最早出现在1971年日本杂志《机械设计》的副刊上。随着科学技术的快速发展，机电一体化的概念早已被广泛接受，得到普遍应用。早期，日本机械振兴协会经济研究所对机电一体化的定义是：机电一体化是指在机械的主功能、动力功能、信息功能和控制功能上引进微电子技术，并将机械装置与电子装置用相关软件有机结合而构成系统的总称。美国机械工程师协会对机电一体化的定义是：机电一体化是指由计算机信息网络协调和控制，用于完成包括机械力、运动和能量流等动力任务的机械和（或）机电部件相互联系的系统。随着机电一体化的发展，目前普遍认可的机电一体化的定义是：机电一体化是一种技术，是机械工程技术吸收微电子技术、信息处理技术、控制技术、传感技术等而形成的一种新技术。这一概念强调电技术对机械技术的改造和创新作用。将更多、更先进的电技术恰当地用于机械系统中，实现自动化、数字化、信息化和智能化是机电一体化的关键所在。

（一）机电一体化的内涵

机电一体化首先是一种技术，应用该技术能够产生新的产品或系统。因此，机电一体化具有技术和产品两个方面的内涵。一方面，指机电一体化技术，主要包括技术原理和使机电一体化产品或系统得以实现、使用和发展的技术，是机械工程技术吸收微电子技术、信息处理技术、控制技术、传感技术等而形成的一种新技术。另一方面，指机电一体化产品，它是通过将应用机电一体化技术设计开发的机械系统和微电子系统有机结合，从而获得新的功能和性能的新一代产品。

1. 功能替代型机电一体化产品

这类产品的主要特征是在原有机械产品的基础上采用电子装置替代机械控制系统、机械传动系统、机械信息处理机构和机械的主功能，实现产品的多功能和高性能。

（1）将原有的机械控制系统和机械传动系统用电子装置替代。例如，数控机床用微机控制系统和伺服传动系统替代传统的机械控制系统和机械传动系统，在质量、性能、功能、效率和节能等方面与普通机床相比有了很大的提高。电子缝纫机、电子控制的防滑制动装置、电子照相机和全自动洗衣机等都属于功能替代型机电一体化产品。

（2）将原有的机械信息处理机构用电子装置替代。例如，电子表、电子秤和电子计算器等。

（3）将原有的机械产品本身的主功能用电子装置替代。例如，电火花线切割机床、电火花成形机床和激光手术刀用电的方式代替了原有的机械产品的刀具主功能。

2. 机电融合型机电一体化产品

这类产品是应用机电一体化技术开发出的机电有机结合的新一代产品。

例如，数字照相机、数字摄像机、磁盘驱动器、激光打印机、CT 扫描仪、3D 打印机、无人驾驶汽车、智能机器人等。

（二）机电一体化的外延

随着计算机、信息和通信等领域科学技术的飞速发展，机电一体化技术和系统也取得了突破性进展。机电一体化技术已经从原来的“以机为主”拓展到“机电融合”，并且“电”的作用和价值越来越大；机电一体化产品也不再局限于某一个具体的产品（单机）范围内，而是扩展至产品生产制造甚至使用过程所涉及的各环节组成的整体大系统，如柔性制造系统、计算机集成制造系统和现代智能制造系统。

此外，对传统机电设备的自动化、智能化改造，也属于机电一体化的范畴。例如，对普通车床、普通铣床的传动系统进行数控化改造，以提高普通车床、普通铣床的加工效率和质量，就是典型的机电一体化改造实例。

目前，人们已经普遍认识到纯机械产品将被越来越多的机电一体化产品取代，机电一体化技术不是机械技术、微电子技术和其他新技术的简单组合和拼凑，而是有机地互相结合或融合，是有其自身客观规律的现代化新技术。

例如，智能制造是一种由智能机器和人类专家共同组成的人机一体化智能系统。智能制造在制造过程中能进行智能活动，如分析、推理、判断、构思和决策等。通过人与智能机器的合作共事，可扩大、延伸和部分地取代人类专家在制造过程中的脑力劳动。智能机器人是一个独特的自我控制的“活物”，具备形形色色的内部和外部信息传感器，具有视觉、听觉、触觉、嗅觉。除感受器外，智能机器人还具有效应器。效应器作用于周围环境，使部件运动。智能机器人至少具备三个要素：感觉、运动和思考。智能机器人是多种高新技术的集成体，融合了机械、电子、传感器、计算机硬件和软件及人工智能等多学科知识。

二、机电一体化系统的组成

（一）机电一体化系统的组成单元

以数控机床为例，机电一体化系统包括机械单元、驱动单元、检测单元、控制单元和执行单元等 5 个基本组成单元。

1. 机械单元

机电一体化系统中的机械单元主要是指传动、支承部分，包括机械本体、机械传动机构、机械支承机构、机械连接机构。例如，床身、变速齿轮箱、轴承、丝杠、导轨等。

2. 驱动单元

机电一体化系统中的驱动单元是为系统提供能量和动力，使系统正常运转的装置，由动力源、驱动器和动力机等组成，一般分为电、液、气三类。例如，步进电动机、交 / 直流伺服电动机及其驱动系统。

3. 检测单元

机电一体化系统中的检测单元包括各种传感器及其信号检测电路，用于对系统本身和外界环境的各种参数和状态进行检测，使这些参数和状态变成控制器可识别的信号。传感信息的方式有光、电、流体、机械等。例如，检测工作台位置和速度的传感器及其测量系统，以及检测主轴、齿轮箱振动和温度的传感器及其监测系统。

4. 控制单元

机电一体化系统中的控制单元用于处理来自各传感器的信息和外部输入命令，根据处理结果，发出相应的控制指令，控制整个系统，使系统有目的地运行。控制单元一般为单片机、计算机、可编程序控制器等。例如，西门子、发那科、华中数控、广州数控等机床专用数控系统。

5. 执行单元

机电一体化系统中的执行单元根据控制指令，通过动力传输来驱动执行机构完成动作。执行单元的性能决定着系统性能。例如，机床的刀具系统、机器人的末端机构。

机电一体化系统的组成单元具有相应的功能，即构造功能、驱动功能、检测功能、控制功能和执行功能，它们在工作中各司其职，互相补充、互相协调，共同完成目的功能。

（二）机电一体化系统的单元接口

从广义上讲，机电一体化系统是“人 – 机电 – 环境”这个超系统的子系统。因此，可将机电一体化系统称为内部系统，将人与环境构成的系统称为外部系统。内部系统与外部系统之间存在着一定的联系，它们相互作用、相互影响。

机电一体化系统的组成要素之间需要进行物质、能量和信息的传递和交换，因此，机电一体化各组成要素之间必须具备一定的联系条件，即接口。从系统内部看，机电一体化系统是通过许多接口将系统组成要素的输入和输出联系为一体的系统。从某种意义上讲，机电一体化系统设计的关键在于接口设计。

根据接口的输入 / 输出功能，可将接口分为机械接口、物理接口、信息接口和环境接口 4 种。

1. 机械接口

机械接口主要是检测单元、驱动单元与机械单元之间的接口，具体是指根据输入 / 输出部位的形状、尺寸、精度、配合、规格等进行机械连接的接口。例如，传感器在执行机构上的安装接口、电动机与传动轴连接所用的各种装置、接线柱、插头、插座等。

2. 物理接口

物理接口主要是动力源与检测单元、控制单元之间的接口，具体是指受通过接口部位的物质、能量与信息的具体形态和物理条件约束的接口。例如，受电压、电流、扭矩、压力和流量等约束的接口，各种供电接口，以及电磁阀等。

3. 信息接口

信息接口主要是检测单元、驱动单元与控制单元之间的接口，具体是指受标准、规格、法律、语言和符号等逻辑或软件约束的接口。例如，受国家标准 GB、国际标准 ISO、ASCII 码等约束的接口。

4. 环境接口

环境接口主要是检测单元与机械单元之间的接口，具体是指对周围环境条件（温度、湿度、磁场、火、振动、放射能、水、气、灰尘等）有保护作用和隔绝作用的接口。例如，防尘过滤器、防水连接器、防爆开关等。

第二节　机电一体化系统的共性技术

根据机电一体化的内涵和外延以及系统设计与运行的过程，机电一体化系统的共性技术包括总体技术、机械技术、驱动技术、检测技术和控制技术等。

一、总体技术

机电一体化系统总体技术是指从系统整体目标出发，用系统工程的观点和方法，将总体分解成若干功能单元，找出能完成各个功能的技术方案，再将功能和技术方案组合成方案组进行分析、评价和优选的综合技术。

机电一体化系统总体技术的内容很多，如总体方案技术、机电有机结合技术、单元接口技术、软件架构技术、微机应用技术，以及控制系统成套和成套设备自动化、智能化技术等。总体方案是整个系统设计的纲领，其中原理方案的设计是否合理决定着系统应用的成败。因此，总体方案设计要求设计人员具有极强的宏观思维和创新思维以及丰富的设计开发经验，与其他单元性的技术有显著的不同。机、电两部分在稳态、动态特性方面的匹配设计是一项重要内容，体现了机电有机结合的一体化设计思想，能够保证系统特性的最优化。即使各个部分的性能和可靠性都很好，如果整个系统不能很好地协调，也很难保证系统正常地运行。因此，单元间的接口技术是系统总体技术中极其重要的内容，是实现系统各部分有机连接的重要保障。

二、机械技术

机械技术是机电一体化中的基础技术，涉及传动、支承和执行等方面的具体技术。机电一体化系统中的机械技术关注的是从系统最优设计的角度来设计或选择机械单元的实现方案，着眼点在于机械技术如何与机电一体化技术相适应、机械和电的技术如何更好地结合。

机械单元的结构、质量、体积、刚性和耐用性对机电一体化系统有着很重要的影响。例如，导轨、丝杠、轴承和齿轮等部件的结构设计，材料的选用和制造质量对机电一体化系统的性能影响极大。可利用一些高新技术改进机械结构、材料和性能，从而满足减轻质量、缩小体积、提高精度、增大刚度和改善性能等方面的要求。例如，结构轻量化设计、齿轮和丝杠的消隙设计、高刚度支承设计和电磁轴承取代滚 / 滑动轴承以减小摩擦的设计，都是机电一体化系统中典型的机械技术。

设计人员在进行机电一体化系统机械单元设计时，不仅要考虑采用新材料和新结构，以及在制造时采用新工艺，使零件模块化、标准化和规格化，提高装配和维修效率，还要考虑整体构型是否合理、机器与人是否和谐等。

三、驱动技术

伺服系统是使执行机构的位置、方向、速度等输出能跟随输入量或给定值的任意变化而变化的自动控制系统。驱动技术是伺服系统设计的核心技术。驱动技术是实现从控制信号到机械动作的控制转换技术，对机电一体化系统的动态特性、控制质量和技术功能具有决定性的影响。

伺服传动装置包括动力源、驱动器和机械传动装置。控制系统通过接口与伺服传动装置相连接，控制伺服传动装置的运动，使执行机构进行回转、直线运动和其他运动。常用的伺服驱动装置主要有电液马达、脉冲油缸、步进电动机、直流伺服电动机和交流伺服电动机。由于变频技术的进步，交流伺服驱动技术取得了突破性进展，为机电一体化系统提供了高质量的伺服驱动单元，极大地促进了机电一体化技术的发展。

相比之下，伺服机械传动装置的发展要落后于伺服驱动装置，伺服机械传动装置有时满足不了高端机电一体化系统的精密设计需求。深入研究伺服机械传动技术，用伺服机械传动代替传统机械传动，是机电一体化技术对传统机械系统进行智能化改造的必然选择。

四、检测技术

检测技术是传感技术和信息处理技术的综合，是机电一体化技术中发展最快、最活跃的领域。

传感器是机电一体化系统的感受器官，它与系统的输入端相连，并将检测到的信号输送至信息处理部分。传感和检测是实现自动控制、自动调节的关键环节，检测精度的高低直接影响机电一体化系统性能的好坏。现代工程技术要求传感器能够快速、精确地获取丰富的信息，并且经受住各种使用环境的考验。不少机电一体化系统难以达到满意的效果或无法实现预期目标的关键原因是没有合适的传感器。因此，大力开展传感器研发对机电一体化技术的发展具有十分重要的意义。

信息处理技术包括对传感器获得的信息进行预处理、数字化、运算分析、存储和输出等技术。信号的处理和分析是否恰当、准确、可靠和高效，直接影响机电一体化系统的性能，因此，信息处理技术是机电一体化的关键技术之一。信息处理的硬件主要是计算机、输入/输出设备和接口等。信息处理的软件主要是人工智能技术、专家系统技术、神经网络技术、网络与通信技术、数据库技术等。

对于智能化的机电一体化系统，检测技术还包括智能传感器技术、多信息融合技术、运行状态智能监测技术、诊断与维护技术，系统的健康状态监控是智能系统是否可靠的关键保障技术。例如，通过分布式无线振动传感器对高端数控机床的主轴、进给单元等进行运行状态实时监测，通过信息处理和分析技术识别其状态，找到故障部位和原因，并采用主动平衡、可调阻尼和误差补偿等技术进行主动修正，可实现加工过程的在线不停机维护，保证机床的连续、可靠工作。

五、控制技术

控制理论分为经典控制理论和现代控制理论两大类别。经典控制理论主要研究系统的运动稳定性、时间域和频率域中系统的运动特性（过渡过程、频率响应）、控制系统设计原理和校正方法等，包括线性控制理论、采样控制理论、非线性控制理论等。1960 年前后，出现了以状态空间法为基础和以最优控制理论为特征的现代控制理论。在现代控制理论中，对控制系统的分析和设计主要通过对系统的状态变量进行描述来进行，采用的基本方法是时间域方法。现代控制理论所能处理的控制问题比经典控制理论所能处理的控制问题广泛得多，包括线性系统和非线性系统、定常系统和时变系统、单变量系统和多变量系统，现代控制理论更适合在数字计算机上处理问题。

运用控制理论对具体的控制装置和系统进行设计，涉及高精度定位控制技术，速度控制技术，自适应控制技术，控制系统的自诊断、自校正、自补偿技术，以及现代控制技术等。控制技术的难点是现代控制理论的工程化和实用化，以及优化控制模型的建立和复杂控制系统的模拟仿真等。由于计算机的广泛应用，自动控制技术越来越多地与计算机控制技术联系在一起，成为机电一体化中的关键技术。常用的控制器有单片机、STD 总线控制系统、普通 PC 控制系统、工业 PC 控制机和可编程控制器等。根据传感器的安装位置和控制系统的结构，可以采用开环控制、半闭环控制和闭环控制等不同策略。

第二章　机电一体化系统总体设计

第一节　总体设计的一般步骤与方法

机电一体化系统设计要求设计者以系统的、整体的思想来考虑设计过程中的许多综合性技术问题。为了避免经济损失，开发机电一体化产品应该遵循一定的科学原则。机电一体化总体设计通常包括市场调查、初步设计和详细设计三个主要步骤。

一、市场调查

机电一体化产品设计是一个涉及多学科、多专业的复杂的系统工程。开发一种新型的机电一体化产品，要消耗大量的人力、物力、财力，要想开发出适应市场的产品，对市场进行调查是非常关键的。

市场调查就是运用科学的方法，系统地、全面地收集有关市场需求和营销方面的资料。在市场调查的基础上，通过定性的经验分析或定量的科学计算，对市场未来的不确定因素和条件做出预测，为企业决策提供依据。

市场调查的内容很广泛，一般包括消费者的潜在需要、用户对现有产品的反映、产品市场寿命周期、竞争对手的技术挑战、技术发展的推动、社会的需要等。从产品与技术开发方面看，市场与用户的需求信息是形成一项设计任务的主要推动因素。

（一）消费者的潜在需要

各个消费阶层、各种消费群体都有潜在的需要，挖掘、发现这种需要，创造一种产品予以满足，是产品创新设计的出发点。20 世纪 50 年代，日本的安藤百福看到忙碌的人们在饭店前排长队焦急地等待吃热面条，而煮一次面条需要 20 分钟左右的时间，于是他创造了一种用开水一泡就可以吃的方便面条。这一发明不仅解决了煮面时间长的问题，也创造了一个巨大的方便食品市场。随着社会的发展与进步，人们迫切需要加强信息交流。手机产品之所以能够取得巨大的成功，其主要原因是有巨大的市场需求。

（二）用户对现有产品的反映

现有产品的市场反映，特别是用户的批评和期望，是市场调查的重点。桑塔纳轿车问世后，用户对制动系统、后视镜、行李舱、座椅等提出不少意见，于是推动了桑塔纳 2000、桑塔纳 3000 轿车的问世。波音 737 客机推入市场后，甚至是通过对几次空难事故的分析，才发现客机存在的问题，并做出相应的改进设计，从而出现了波音 747、波音 757 客机等。

（三）产品市场寿命周期

当已有产品进入市场寿命周期的不同阶段后，必须不断地进行自我调整，以适应市场。例如，20 世纪 80 年代人们普遍认为传统显像管彩电已步入退让期时，四川长虹集团宣布显像管彩电降价，以减少利润的方式延长产品的市场寿命，并及时开发设计了纯平彩电。21 世纪初长虹集团宣布纯平彩电降价，又开发设计出低价格大屏幕背投电视。之后，长虹集团再次宣布背投电视降价，开发设计出高清晰度液晶彩电。如今，一种新产品在市场上的稳定期仅有 2 ~ 4 年，制造商必须不断地做出改进，推出新机型，才能保持自己的市场占有率。

（四）竞争对手的技术挑战

竞争对手的产品状态和水平是企业情报工作的重心。美国福特汽车公司建有庞大的实验室，能同时解体 16 辆轿车。每当竞争对手的新车上市，便马上购来，并在 10 天之内解体完毕，研究对方的技术特点，特别是对领先于自己企业的技术做出详尽的分析，使自己的产品始终保持技术领先地位。20 世纪 80 年代，日本照相机企业间的竞争给人以深刻印象，当时两家著名公司分别推出新型照相机，一种是时间自动照相机，一种是光圈自动照相机。由于各有优点，双方很快吸取了对方照相机的特点，又都很快推出了同时具备两种自动功能的照相机。

（五）技术发展的推动

新技术、新材料、新工艺对市场上的老产品具有很大的冲击力。例如，数字电视、薄型和超薄型等离子电视及液晶电视新技术替代了传统模拟电视技术。企业如果盲目地在老技术水平上扩大生产传统技术产品，必将在市场竞争中处于被动地位。

（六）社会的需要

日本开发的经济型轿车，开始并不引人注目，到石油危机爆发时，这类轿车成为全世界用户的抢手货，使日本汽车工业产量一跃成为世界第一。目前，环境保护问题已成为全世界共同关注的问题，很多会给环境造成污染的产品发展受到限制，而电动汽车、无氟冰箱、静声空调等绿色产品则被不断地设计开发出来。

为掌握市场形势，必须进行市场调查和预测，除了对现有产品征求用户意见外，还应通过调查和预测为新产品开发提供决策依据。

二、初步设计

在市场调查的基础上就可以开展产品的初步设计了。初步设计的主要任务是建立产品的功能模型、提出总体方案、进行投资预算、拟订实施计划等。

（一）方案设计

在机电一体化产品设计中，方案设计是机电一体化产品设计的前期工作。根据功能要求，构建出产品简图，包括结构类型和尺度的示意图及相对关系，可作为构形设计的依据。方案设计的关键是确定产品运动方案。

产品运动方案设计通常包括下列步骤：进行产品功能分析；确定各功能元的工作原理；进行工艺动作过程分析，确定一系列执行动作；选择执行机构类型，确定产品运动和机构方案；根据运动方案进行数学建模；通过综合评价，确定最优运动和机构方案。

（二）创新设计

重视产品的创新设计是增强机电一体化产品竞争力的根本途径。产品的创新设计就是设计人员运用创新设计理论和方法设计出结构新颖、性能优良和高效的新产品。照搬照抄是不可能进行创新设计的。判断创新设计的关键是新颖性，即原理新、结构新、组合方式新。

构思一种新的工作原理就可创造出一类新的产品，例如，激光技术的应用，产生了激光加工机床。创造一种新的执行机构就可造就一种新的机器，例如，通过在抓斗机上采用多自由度的差动滑轮组和复式滑轮机构创造发明了异步抓斗。采用新的组合方式也可创造出一种新的机器，例如，美国阿波罗 13 号飞船在没有重新设计和制造一个零部件的情况下，通过选用现有的元器件及零部件组合而成，这就是组合创新。由此可见，创新设计的含义是十分广泛的。产品创新设计一般应包括以下 3 个方面。

1. 功能的创新设计

功能的创新设计属于方案设计范畴，包括新功能的构思、功能分析和功能结构设计、功能元理解创新、功能元结构创新、结构组成创新等。从机电一体化产品方案创新设计角度来看，其中最核心的部分是运动和结构方案的创新。

2. 零部件的创新设计

产品方案确定以后，产品的构形设计阶段也可以进行创新设计。例如，对零部件进行新构形设计以提高产品工作性能、减小尺寸和重量，采用新材料以提高零部件的强度、刚度和使用寿命等。

3. 艺术造型的创新设计

为了增强机电一体化产品的竞争力，还应该对产品的造型、色彩、面饰等进行创新设计。产品的艺术造型设计得法，可令使用者心情舒畅、爱不释手，同时也可使产品功能得到充分的体现，因此，艺术造型的创新也是机电一体化产品创新设计的重要内容。

（三）概念设计

人们对于概念设计的认识和理解还在不断地深化，不论哪一类设计，前期工作均可统称为概念设计。例如，很多汽车展览会展示出概念车，就是用样车的形式体现设计者的设计理念和设计思想，展示汽车设计方案。一座闻名于世的建筑，它的建筑效果图就体现出建筑师的设计理念和建筑功能，这些都属于概念设计范畴。

概念设计是设计的前期工作，其结果是产生设计方案。概念设计不局限于方案设计。概念设计应包括设计人员对设计任务的理解、设计灵感的表达、设计理念的发挥，还应充分体现设计人员的智慧和经验。因此，概念设计前期工作中应允许设计人员充分发挥他们的形象思维，概念设计后期工作中则应将较多的注意力集中在构思功能结构、选择功能工作原理和确定机械运动方案等方面。概念设计内涵广泛，设计人员可以在更大范围内进行创新设计。

三、详细设计

详细设计主要是对系统总体方案进行具体实施步骤的设计，其主要依据是总体方案框架，从技术上将其细节逐步展开，直至完成试制产品样机所需的全部技术图纸和文档。机电一体化产品的详细设计主要包括以下方面。

（一）机械本体设计

机械本体主要是指用于支撑机械传动部件和电气驱动部件的支撑件，如轴承座、机架等。为保证机械系统的传动精度和工作稳定性，在设计中常对机械本体提出强度、刚度、稳定性等要求。

（二）机械传动系统设计

机械传动的主要功能是完成机械运动，主要包括齿轮传动、带传动、链传动、连杆传动、凸轮传动、绕性传动、间隙传动等。严格地说，机械传动还包括液压传动、气动传动等。机电一体化产品必须完成相互协调的若干机械运动，每个机械运动可由单独的电动机驱动、液压驱动、气动驱动，也可以通过传动件和执行机构相互协调驱动。在机电一体化产品设计中，机械运动通常由控制系统来协调与控制，这就要求在机械传动系统设计时要充分考虑到机械传动控制问题。

随着机电一体化技术的发展，如今的机械传动装置已不仅仅是变换转速和转矩的变换器，而是伺服系统的组成部分，要根据伺服控制的要求来进行选择和设计。近年来，由控制电动机直接驱动负载的技术得到了很大的发展。对于低转速、大转矩传动系统，目前还不能取消减速传动链。影响机电一体化系统传动的主要因素一般有以下几个。

1. 负载的变化

负载包括工作负载、摩擦负载等。要合理选择驱动电动机和传动链，使之与负载变化相匹配。

2. 传动链的惯性

传动链的惯性既影响传动链的启停特性，又影响控制系统的快速性、定位精度和速度偏差的大小。

3. 传动链的固有频率

传动链的固有频率影响系统谐振和传动精度。

4. 间隙、摩擦、润滑和温升

这些因素都会影响传动精度和运动平稳性。

（三）传感器与检测系统设计

传感器的种类很多，在机电一体化产品中，传感器主要用于检测位移、速度、加速度、运动轨迹及机器操作和加工过程中的参数等机械运动参数。

传感器一般由敏感元件、转换元件、基本转换电路 3 部分组成。敏感元件是能直接感受被测量，并以确定关系输出某一物理量的元件。例如：弹性敏感元件可将力转换为位移或应变；转换元件可将敏感元件输出的非电物理量转换成电路参数量；基本转换电路可将电路参数转换成便于测量的电信号，如电压、电流、频率等。

传感器可以按不同的方式进行分类，例如，可按被测物理量、工作原理、转换能量、输出信号的形式（模拟信号、数字信号）等进行分类。

按传感器的作用可分为检测机电一体化系统内部状态的内部信息传感器和检测外部对象及外部环境状态的外部信息传感器。内部信息传感器包括检测位置、速度、力、力矩、温度及变换的传感器。外部信息传感器包括视觉传感器、触觉传感器、力觉传感器、接近觉传感器、角度觉（平衡觉）传感器等。

传感器的特性主要是指输入与输出的关系。当传感器的输入量为常量或随时间缓慢变化时，传感器的输出与输入之间的关系为静态特性。当传感器的输出量随时间变化时，输入量的响应称为传感器的动态特性。

传感器的基本参数有量程、灵敏度、静态精度和动态精度。在传感器设计选型时，应根据实际需要确定其主要性能参数。有些指标可降低要求或不予考虑，使传感器成本降低，又能达到较高的精度。选用传感器时，主要考虑的因素是精度和成本，应根据实际要求合理确定静态精度、动态精度和成本的关系。

（四）接口设计

机电一体化系统由许多要素或子系统构成，各要素和子系统之间必须能顺利进行物质、能量和信息的传递与交换，为此，各要素和各子系统相接处必须具备一定的联系条件，即接口。从系统外部看，机电一体化系统的输入/输出是与人、自然及其他系统之间的接口；从系统内部看，机电一体化系统是由许多接口将系统构成要素的输入/输出联系为一体的系统。机电一体化系统各部件之间、各子系统之间往往需要传递动力、运动、命令或信息，这些都是通过各种接口来实现的。

系统的性能在很大程度上取决于接口的性能，各要素和各子系统之间的接口性能成为综合系统性能的决定性因素。机电一体化系统是机械、电子和信息等技术融为一体的综合系统，其构成要素或子系统之间的接口极为重要。

机械本体各部件之间、执行元件与执行机构之间、检测传感元件与执行机构之间通常是机械接口；电子电路模块相互之间的信号传送接口、控制器与检测传感元件之间的转换接口、控制器与执行元件之间的转换接口通常是电气接口。

根据接口的输入/输出功能，可将接口分为以下 4 种。

1. 零接口

不进行任何变换和调整，输出即为输入，仅起连接作用的接口，称为零接口。例如，输送管、插头、插座、接线柱、传动轴、导线、电缆等。

2. 无源接口

只用无源要素进行变换、调整的接口，称为无源接口。例如，齿轮减速器、进给丝杠、变压器、可变电阻器、透镜等。

3. 有源接口

含有有源要素，主动进行匹配的接口，称为有源接口。例如，电磁离合器、放大器、光电耦合器、D/A 转换器、A/D 转换器、力矩变换器等。

4. 智能接口

含有微处理器，可进行程序编制，或可适应性地改变接口条件的接口，称为智能接口。例如，自动变速装置，通用输入 / 输出 LSI、GP–IB 总线、STD 总线等。

目前，大部分硬件接口和软件接口都已标准化或正在逐步标准化。硬件设计时，可以根据需要选择适当的接口，再配合接口编写相应的程序。

（五）微控制器设计

单片机应用系统亦称微控制器或嵌入式微处理器。微控制器设计包括硬件设计和软件设计，其一般设计步骤如下。

1. 制订控制系统总体方案

总体方案应包括选择控制方式、传感器、执行机构和计算机系统等，最后画出整个系统方案图。

2. 选择单片机及其扩展芯片

选择单片机及其扩展芯片应遵循如下原则：单片机及其扩展芯片应是主流产品；尽量选择自己比较熟悉的芯片，可以缩短开发周期；应兼顾性价比；程序存储器和数据存储器应适当留有余量。

3. 硬件系统设计

画出单片机应用系统逻辑电路原理图。目前有多种电子电路 CAD 软件可供选用，画好后可通过打印机或绘图机输出。

4. 绘制印刷线路图

可由 Protel 等在电路原理图的基础上自动形成连接数据文件，然后布置封装器件，按照连接数据文件自动布线。自动布线一般可完成 60% ~ 90%

的工作，其余不能自动布线的部分，可通过键盘或鼠标来完成。印刷线路板的设计直接影响系统的抗干扰能力，需要设计人员具有一定的实践经验。

5. 制作印刷线路板

印刷线路板一般由专门厂家制作。

6. 焊接芯片插座及其他电子元器件

组装成单片机应用系统。

7. 微控制器软件设计

单片机控制软件一般可分为系统软件和应用软件两大类。系统软件不是必需的，根据系统复杂程度，可以没有系统软件，应用软件则是必需的，由设计人员编写。近年来，随着单片机应用技术的发展，应用软件也开始模块化和商品化。

8. 微控制器硬件调试

微控制器样机制作完成后，即可进入硬件调试阶段。硬件调试的主要任务是排除样机故障，包括设计错误和工艺性故障。

9. 软件调试

将样机与开发系统联机调试，借助开发系统进行单步、断点和连续运行，逐步找出软件错误，同时也可发现在硬件调试时未能发现的故障或软件与硬件不相匹配的地方，反复修改和调试。

10. 现场调试

软件经调试无故障后，可移至现场做进一步调试，经现场调试无故障后，即可将应用软件固化，然后脱机运行，做长时间运行考察，考察其运行的可靠性。

第二节　系统功能设计

系统功能分析是方案设计的出发点，是产品设计的第一道工序。机电一体化产品的功能设计是从结构件设计开始的，功能分析是从对产品结构的思考转为对功能的思考，从而做到不受现有结构的束缚，以形成新的设计构思，提出创造性方案。

功能用于抽象地描述产品输入量和输出量之间的关系，对具体产品来说，功能是指产品的效能、用途和作用。比如，运输工具的功能是运物载客，电动机的功能是把电能转换为机械能，减速器的功能是传递转矩、变换转速，机床的功能是把坯料变成零件，等等。功能还可表述为：功能 = 条件 × 属性。在不同的条件下利用不同的属性，同一产品可实现不同的功能。

按照重要程度，功能分为两类，即基本功能和辅助功能。基本功能是实现产品使用价值必不可少的功能，辅助功能即产品的附加功能。例如，洗衣机的基本功能是去污，其辅助功能是脱水；手表的基本功能是计时，其辅助功能是防水、防震、防碰、夜光等。

必须指出，功能原理方案设计过程是个动态优化过程，需要不断地补充新信息，因此，功能原理方案设计过程是一个反复修改的过程。

一、确定总功能

（一）设计问题抽象化

从抽象到具体、从定性到定量是产品设计的战略思想方法。所谓抽象化，就是将设计要求抽象化，而不是一接到任务就开始具体设计。

抽象化的目的是确定产品总功能。例如：采煤机可抽象为物料分离和移位的设备；载重汽车可抽象为长距离运输物料的工具；洗碗机可抽象为除去餐具上污垢的装置。

在抽象过程中，要抓住本质，突出重点，淘汰次要条件，将定量参数改为定性描述，对主要部分进行充分的扩展，只描述任务，不涉及具体解决办法。

（二）黑箱法

对于要解决的问题，设计人员难以立即认识，犹如对待一个不透明、不知其内部结构的黑箱。利用对未知系统的外部观测，分析该系统与环境之间输入和输出的关系，通过输入和输出的转换关系确定系统的功能、特性，进一步寻求能实现该功能和特性所需具备的工作原理与内部结构，这种方法称为黑箱法。

二、总功能分解

系统的总功能可以分解为分功能（如一级分功能、二级分功能……），分功能可再分解为功能元（最小单位）。功能是有层次的，是能逐层分解的。

（一）功能元

功能元是功能的基本单位。在机电一体化产品设计中常用的基本功能元有：物理功能元、数学功能元和逻辑功能元。

1. 物理功能元

物理功能元反映系统中能量、物料、信号变化的物理基本动作，常用的有：变换—复原、放大—缩小、连接—分离、传导—绝缘、存贮—提取。

“变换—复原”功能元，主要包括各种类型能量之间的转变、运动形式的转变、材料性质的转变、物态的转变、信号种类的转变等。

“放大—缩小”功能元，是指各种能量、信号或物理量的放大及缩小，以及物料性质的缩放（如压敏材料的电阻随外压力的变化而变化）。

“连接—分离”功能元，包括能量、物料、信号的结合。除物料之间的合并、分离外，流体与能量结合成压力流体（泵）的功能也属此范围。

“传导—绝缘”功能元，反映能量、物料、信号的位置变化。传导包括单向传导和变向传导。绝缘元件包括离合器、开关、阀门等。

“存贮—提取”功能元，体现一定时间范围内保存的功能。例如，飞轮、弹簧、电池、电容器、录音带、磁鼓，反映了能量、声音、信号的贮存。

2. 数学功能元

数学功能元反映数学的原理，如加和减、乘和除、乘方和开方、积分和微分。数学功能元主要用于机械式的加减机构和除法机构，如差动轮系、求积仪等。

3. 逻辑功能元

逻辑功能元包括“与”“或”“非”三元逻辑动作，主要用于控制功能。

（二）功能结构

类似于电气系统线路图，分功能的关系可以用图来描述，表达分功能关系的图称为功能结构图。功能结构图是结合初步工作原理或简单构形设想而建立的。常用功能结构有以下 3 种。

1. 串联结构

串联结构又称顺序结构，它反映了分功能之间的因果关系或时间、空间的顺序关系。例如，台虎钳的施力与夹紧两个分功能就是串联关系。

2. 并联结构

并联结构又称选择结构，几个分功能作为手段共同完成一个目标，或同时完成某些分功能后才能继续执行下一个分功能，则这几个分功能为并联关系。例如，车床需要工件与刀具共同运动来完成加工物料的任务。

3. 环形结构

环形结构又称循环结构，输出反馈为输入的结构为循环结构。按逻辑条件分析，满足一定条件则循环进行。

（三）功能结构图

功能结构图的建立是使技术系统从抽象走向具体的重要环节之一。通过功能结构图的绘制，明确实现系统总功能所需要的分功能、功能元及其顺序关系。这些较简单的分功能和功能元，可以比较容易地与一定物理效应及实现这些效应的实体结构相对应，从而可以得出实现总功能需要的实体解答方案。

1. 功能结构图的要求

（1）体现功能元或分功能之间的顺序关系。这是功能结构图与功能分解图之间的区别。

（2）各分功能或功能元的划分及其排列要有一定的理论依据、物理作用原理或经验的支持，以确保分功能或功能元有明确解答。

（3）不能漏掉必要的分功能或功能元，要保证得到预期的结果。

（4）尽可能简单明了，但要便于实体解答方案的求取。

2. 功能结构图的变化

实现同一功能的功能结构可有多种，改变功能结构图常可开发出新的产品。改变功能结构图的方法有以下几种：

（1）功能的进一步分解或重新组合。

（2）分功能顺序的改变。

（3）分功能连接形式的改变。

（4）系统边界的改变。必要时可扩大或缩小系统的功能，以求得更合理的解答方案。

3. 建立功能结构图的步骤

（1）通过技术过程分析，划定技术系统的边界，定出系统总功能。

（2）划分分功能及功能元。通常首先考虑所应完成的主要工作过程的动作和作用。

（3）建立功能结构图。根据物理作用原理、经验，或参照已有的类似系统，首先排定与主要工作过程有关的分功能或功能元的顺序。通常先提出一个粗略方案，然后检验并完善其相互关系，补充其他部分。为了选出较优的方案，一般应同时考虑几个不同的功能结构。

（4）功能结构方案的评比。按照实现的可能性、复杂程度、是否获得解答方案、是否满足特定要求等，可取较好的方案进一步具体化，直至实体解答完全确立。

三、功能元求解

功能元求解是原理方案设计中的关键步骤。功能元求解就是将所需执行的动作，用合适的执行机构来实现。

（一）直觉法

直觉思维是人对设计问题的一种自我判断，通过直觉思维往往可以非逻辑地、快速地直接抓住问题的实质，它不是神秘或无中生有的，而是设计者通过长期思考突然获得的一种认识上的飞跃。日本富士通电气公司职工小野在一次雨后散步时，在路旁发现一张湿淋淋的卫生纸，由此激发了他的灵感：天晴时，废纸收缩变成一小团，而被雨水淋湿后自动伸展开来。后来，他利用废纸干湿卷伸原理，成功研制了纸型自动控制器。

（二）调查分析法

设计师通过对当前国内外技术发展状况的调查研究，加上掌握的专业知识，构成解决设计问题的方案。调查分析同类机电产品，对其进行功能和结构分析，研究哪些是先进可靠的，哪些是陈旧落后的，会对开发新产品、构思新方案、寻找功能原理解有所帮助，

（三）设计目录法

设计目录是设计信息的存储器、知识库。它以清晰的表格把设计过程中所需的参考解决方案加以分类、排列，供设计者查找和调用。它提供给设计师的不是零件设计和计算方法，而是分功能或功能元的原理解，给设计者以具体启发。

第三节　系统结构设计

系统结构设计就是将工程设计的设想具体化为工程图样的过程。在这一过程中要兼顾到各种技术、经济和社会要求，并且应该充分考虑各种可能的方案，从中优选出符合具体产品实际条件的最佳方案。系统结构设计包括以下内容：

（1）功能设计。以各种具体的结构实现机电一体化系统的功能要求。

（2）质量设计。兼顾各种要求和限制，提高机电一体化系统的质量和性能。

（3）优化设计和创新设计。充分应用现代设计方法系统地构造设计优化模型，用创造性设计思维方法进行机电一体化系统设计的优化和创新。

在进行系统结构设计时，不应急于联想和参考同类产品的具体结构，而要全面地研究所需要实现的各种功能，把需要解决的问题做抽象处理，把各种基本功能和主要的约束条件进行仔细整理，以便集中主要问题，方便求解。要在详细调查研究的基础上列举出能实现这些功能的各类工作原理，以

及完成这些功能的各种具体结构，分析它们在力学和运动、制造工艺、材料、装配、使用、美观、成本、安全等方面的性能，同时也应考虑环境与系统之间的影响。在结构方案的构思中，应尽量以简图或示意图的方式来表达设计思维，不必考虑每一个具体的结构、材料、尺寸等细节，找出问题所在，以便重点突破和解决。

一、结构设计的基本过程

虽然结构设计的最终产品是工程图样，但它并不只是简单地进行具体的设计制图。现代产品的竞争焦点往往不是该产品的某种工作原理，而是其具有特色的先进技术指标。在现代产品的设计中，后者越来越重要。

人们对产品质量提高的要求是永无止境的，市场的竞争日益激烈，需求也在向个性化方向发展。优化结构设计包括：确定零部件的形状、数量、空间位置、选材、尺寸；进行各种计算，按比例绘制结构方案图；等等。若有几种方案，则需进行评价决策。

在进行结构设计时，还要充分考虑现有的各种条件，如加工条件、现有材料、各种标准零部件、通用件等。结构设计是从定性到定量、从抽象到具体、从粗略到精细的设计过程。结构设计的具体步骤如下：

（1）确定设计任务书对结构设计的要求。一般包括功率、转矩、传动比、生产率、连接尺寸、相互位置、耐腐蚀性、抗蠕变性、规定的工件材料和辅助材料、空间大小、安装限制、制造和运输问题等方面。

（2）初步确定主要功能载体的结构。主要功能载体是指承受主要功能的元件（零件或部件），如减速箱中的齿轮和轴。初步结构设计是指对这些零部件的结构和形状进行初步确定，主要凭经验或粗略估算确定其几何尺寸和空间位置。

（3）初步确定辅助功能载体结构。辅助功能是指支承、密封、连接、防松和冷却等，其载体包括齿轮轴的轴承、输出输入轴的密封、箱体和端盖等。辅助功能载体确定后，即可确定初步的结构形式。

（4）检查主、辅功能载体结构的相互影响及配合性，即结构形状、几何尺寸和空间位置是否相互影响，以保证各部分结构合理联系。

（5）详细设计主、辅功能载体的结构，确定结构的零部件几何尺寸、相互位置等。设计人员要充分运用自己所掌握的知识以及现代设计方法，并要考虑工艺性和成本。

二、结构设计的基本原则

在结构设计中，设计者要从承载能力、寿命、强度、刚度、稳定性、磨损和腐蚀等方面来提高产品性能，获得最优方案。确定和选择结构方案时应遵循三项基本原则，即明确、简单和安全可靠。

（一）明确

所谓明确，是指产品设计中所应考虑的问题都应在结构方案中得到明确的体现。

（1）功能明确。所确定的结构方案应能明确地体现产品或结构所要求的各种功能的分担情况，既不能遗漏，也不应重复。对于每个具体结构件来说，应能明确、可靠地实现其所分担的功能。

（2）工作原理明确。对所依据的工作原理应预先考虑到可能出现的各种物理效应，以免出现载荷、变形或磨损超出允许范围的情况。

（3）使用工况及承载状态明确。材料选择及尺寸计算要依据载荷情况进行，不应盲目采用双重保险措施。如轮毂与轴的连接中，若同时采用过盈配合和平键，则应注意其给轴向装配造成的困难。平键只起周向定位作用或辅助承载作用，此时不能按承受的载荷来确定平键的尺寸。

（二）简单

在确定结构方案时，应使其所含零件数目和加工工序数量与类型尽可能少，零件的几何形状力求简单，尽量减少零件的机械加工面、机械加工次数，简化热处理程序。

结构方案简单不但降低了产品的制造成本，而且提高了产品工作的可靠性。比如，由于面、圆柱、圆锥、圆球或其他对称形状所构成的零件很容易加工、检验，可用较少的工时获得较高的精度，并确保其功能的实现。

（三）安全可靠

安全可靠主要从构件的可靠性、功能的可靠性、工作的安全性和环境的安全性等方面来衡量。所谓安全可靠，即在规定的载荷下，在规定的使用条件和时间内，构件不产生过度变形和过度磨损，不丧失稳定或不发生破坏，机器在其规定的使用期限内，在规定的条件下，不丧失其功能，不产生对人体及环境的危害。

安全技术可分为直接安全技术、间接安全技术和提示性安全技术三种类型。

1. 直接安全技术

首先要确保构件的可靠性，正确地进行分析和计算，必要时应通过试验确定构件的受力情况和应力状态，避免出现应力过于集中，防止出现断裂。还应充分估计辐射、腐蚀、老化、温度、介质、表面涂层及加工过程对材料的影响。

当破坏无法避免时，应将破坏引导到特定的次要部位。比如，采用特定的功能零件，当出现危险时，该零件首先被破坏，从而避免了整机或其他重要部位的损坏，更不至于造成人身伤害事故。例如，机械中常用易于剪断的安全销来连接某些运动件，如车床的丝杠。一旦载荷达到危险程度，安全销就被剪断，从而保护了整机或丝杠的安全。

对于发生事故时会造成重大损失的系统，可采用冗余配置来保证系统的安全可靠。例如，电站的备用机组、坦克中的备用发电机、飞机的双操纵设计等，一旦主要功能载体失效，便可启用备用装置。

2. 间接安全技术

间接安全技术的主要实现方式是使用防护系统和防护装置。防护系统能防止机器在超负载下工作，可使机器在超载时自动脱险。例如，液压系统、气动系统或锅炉系统中的安全阀，电动机驱动系统中的热继电器，机床中的安全离合器，在系统出现超负载时自动降低负载或切断负载。安全离合器及安全阀等是不引起任何破坏的安全装置。

3. 提示性安全技术

由于技术上或经济上的原因不能采用上述两种安全技术而又可能出现不安全情况时，可采用提示性安全技术，在即将出现危险情况时通过指示灯、警报声等给予提示，以便使用者及时停止机器并排除故障。

三、结构设计的基本原理

（一）等强度原理

对于同一个零件来说，各处应力相等，各处寿命相同，叫作等强度。在等强度情况下，材料得到充分利用，经济效益提高。等强度原理在机械设计中得到了广泛的应用。

（二）力传递原理

机械结构要完成能量、物料和信号的转换，完成力的形成、传递、分解、合成、改变和转换是结构设计的主要任务，其中最重要的是完成力的接受和传递。力在构件中的传递轨迹就像电场中的电力线、磁场中的磁力线、水流中的水流线一样，力按力流路线传递。力线的密集程度反映力的大小，力线和力流方向用箭头表示。

力传递原理包括：

（1）力流路线直接、最短。按照力流直接而最短的传递原理设计零件，可以使零件尺寸缩小、节省材料、变形小、刚度好。力流路线增长，承载区增大，零件体积、重量和变形就会增大，系统的弹性和柔性随之增加。

（2）力流转向平缓。结构断面发生突然变化，会引起力流方向的急剧改变，使得力流密度增加，产生应力集中。在结构设计时应采取措施，使力流方向变化平缓，减小应力集中。

（三）自补偿原理

通过系统本身的结构或相互配置关系，产生加强功能、减载和平衡作用，称为自补偿或自助。在自补偿结构中，总效应是由初始效应和辅助效应共同产生的。初始效应保证系统初始状态可靠，辅助效应使功能得以加强。常见的自补偿原理的应用形式有自增强、自平衡、自保护三种。

（1）自增强。在正常工作状态下，辅助效应与初始效应的作用方向相同，总效应为两者之和。

（2）自平衡。在工作状态下，辅助效应和初始效应的作用相反并达到平衡状态，取得满意的总效应。

（3）自保护。系统在超载工作时，其结构中的元件产生保护效应，使系统免于受损。

（四）结构设计变元

结构设计方案空间简称为解空间，是结构创新设计与优化设计的重要前提。在超载保护结构设计中，关键的问题是如何得到大的解空间。仅凭设计师个人的经验是很难提出多种可能性结构方案的，在实际中，设计师只有很少的可能性方案供优选，往往是先想到什么，就采用什么，具有很大的偶然性和局限性。结构设计变元就是为解决这一问题而提出的。

结构设计变元需要解决两个问题：其一，什么是机械构造的基本元素？其二，如何系统地、有规律地改变这些元素，从而产生多个可能性设计方案？

点是线的基本元素，线是面的基本元素，面是构件、零件的基本元素，构件零件是部件的基本元素，部件继而组成机械设备，机械设备可进一步组成更复杂的技术系统。这些基本元素可用数量、大小、形状、方位、相互连接方式、表面特性、材料和工艺等变元来描述，因此，结构设计解空间的构造可以通过对基本元素的变元进行变化及组合来实现。

结构设计变元是一种系统化的、逻辑推理性的思维方法。提出大量可能性的供选择的结构设计方案，是结构优化设计的关键。

1. 数量变元

通过改变结构基本元素（如线、面、零部件的数量）可以改变产品的功能和性能。例如，通过减少被加工面的数量，可以达到降低制造成本的目的；通过增加扳手内圈正多边形边数，可以提高它的结构强度，从而可减小外圈的尺寸。

2. 形状变元

改变构件棱边或表面的形状也能得到多种可能性结构设计方案。表面形状种类繁多，如平面、柱面、球面、锥面、环面、椭圆面、双曲面、抛物面、渐开面、摆线曲面、螺旋面等。在机械结构中，平面和柱面使用得最多，因为它们加工方便。

3. 材料变元

材料变元有两类：一是改变材料的物性，二是改变材料相对于工作面的位置。改变材料的物性，即选用不同的材料，往往同时伴随着加工工艺的变化。例如，用 3 种不同的材料（木材、塑料、金属）制作夹子，由于 3 种材料性能差别很大，其结构形状也相差甚远。

4. 顺序变元

通过改变结构元素的排列顺序，可以得到若干新的结构设计方案。例如，改变构件顺序可以得到新的结构设计方案。

（五）力平衡原理

为了实现总功能，各机构或零件需要传递做功的力和力矩，如圆周力、驱动力矩等，这种力（矩）称为有功力（矩）。与此同时，常常伴随产生一些无功力（矩），如斜齿轮的轴向力、惯性力等，这些无功力（矩）会使轴和轴承等零件负荷增大，造成附加的摩擦损失，降低机器的传动效率。

（六）降低噪声原理

机械振动会产生噪声，过大的噪声会影响人的身心健康。噪声是机器质量的重要评价指标之一。

机械噪声是由固体振动产生的，在冲击、摩擦、交变载荷和磁应力作用下，各零部件产生振动，发出噪声。机械噪声分为以下几种：运动噪声，各运动零部件旋转或做往复运动时，因质量不平衡，产生惯性力，发生自振，引起噪声；接触噪声，机器零件因滚动、滑动和敲击而产生噪声，如齿轮啮合、滚动轴承、离合器、制动器等产生的噪声；传动力噪声，机器零件因力的传递不均匀产生振动而发出噪声，如链传动、杠杆机构等产生的噪声。

降低噪声的主要方法是减小机器中振源的振动，例如，采用较平稳的传动机构，以带传动、涡轮传动代替齿轮传动，以齿形链代替套筒滚子链，等等。火车轨道接缝之间因考虑热膨胀量都留有间隙，火车行走时不可避免地会产生振动，采用长钢轨的新技术，大大降低了振动和噪声。

提高运动部件的平衡精度可减小旋转件由于质量不均匀、重心偏离回转中心而引起的不平衡噪声。例如，家用电风扇的叶片经过专用的风扇叶动平衡机平衡后，可以将不平衡振动控制在 1 μm 之内，使噪声明显下降。

系统的工作振动频率与其自振频率一致而产生共振现象，会导致强烈振动并产生很大的噪声。回转系统的工作转速应在共振区之外。

提高机构的阻尼特性，减小结构的自由振动，减弱共振频率附近的振动，可达到降低噪声的目的。在工件表面上喷涂一层高内阻尼的材料，如塑料、橡胶、软木、沥青等，能减振和降低噪声。这种方法已广泛用于车、船体的薄壁板上。

控制噪声的传播也是减振的主要措施之一，可利用隔振材料或隔振结构降低振动源的固体声传播，通过隔振可降低噪声 10 ~ 30 dB。隔振材料是指弹性材料，如塑料、橡胶、软木、塑料板、酚醛树脂、玻璃纤维板等。隔振材料受力后相对变形量越大，隔振效果越好。

利用吸声材料如玻璃棉、聚氨酯泡沫塑料、毛毡、微孔板等可进行吸声，好的吸声材料能吸收入射声的 80% ~ 90%。薄板状吸声结构在声波撞击板面时产生振动，吸收部分入射声，并把声能转化为热能。微穿孔板一个或两个腔的复合吸声结构利用声波通过时空气在小孔中来回摩擦消耗声能，用腔的大小来控制吸声器的共振频率，腔越大，共振频率越低。

还可利用隔声罩、隔声间、隔声门等结构，利用声反射的原理隔声。简单的隔声屏能降低噪声 5 ~ 10 dB，用 1 mm 钢板作隔声门时，隔声量约为 30 dB，而好的隔声间可降低噪声 20 ~ 45 dB。

设计低噪声产品及零部件时，必须分析产品中各部件的原理以及结构对噪声的影响，从而采取措施降低噪声。

第三章　机电一体化机械系统设计

第一节　机械系统概述

机电一体化系统中的机械部分一般由机械传动部件及支承部件组成。为确保机械部分的执行精度和工作稳定性，在设计中常提出无间隙、低摩擦、低惯量、高刚度等要求。

一、机械系统的要求

机电一体化系统的机械系统主要用来实现执行和构造两大功能。在整个机电一体化系统中，机械部分的惯性和阻力最大，直接影响系统整体的精度和动态特性。为适应机电一体化产品的整体要求，对其机械部分有以下要求。

（一）高精度

机械系统的精度如果不满足要求，那么机电一体化产品其他系统的精度再高都不能保证系统能完成其预定的机械操作。在满足技术经济指标的前提下，高精度是机械系统的首要要求。

（二）高刚度

采用高刚度的支承或架体，可以减小产品本体的振动，降低噪声，为高精度的执行机构提供良好的支承，保证执行精度。例如，在设计中可选用复合材料，提高刚度和强度，减小质量，缩小体积，使结构紧密化。在结构设计中，可采用预紧的方式提高结构刚度，如轴系的两端轴向预紧、滚珠丝杠副和滚动导轨副的预紧等。

（三）低摩擦

导向和转动支承部分采用低摩擦阻力部件，可以降低机械系统的阻力，提高系统的快速响应性。例如，机电一体化产品中的导向支承多采用滚动导向或动（静）压导向支承。

（四）良好的稳定性

机械系统要求受外界环境变化的影响小，抗干扰能力强。例如：采用隔振措施，最大限度地隔离系统外部的振动；采用无间隙传动，减小反向死区，提高传动的稳定性。

二、机械系统的组成

机械系统包含传动机构、导向机构和执行机构三大机构。

（一）传动机构

传动机构是一种把动力机产生的运动和动力传递给执行机构的中间装置，它是一种扭矩和转速的变换器，其目的是使动力机与负载之间在扭矩和转速上得到合理的匹配。在机电一体化系统中，普遍采用具有动力、变速与执行等多重功能的伺服电动机。伺服电动机在很大程度上代替了机械系统中的变速机构来完成伺服变速功能，大大简化了传动链。因此，机电一体化系统中的传动机构不再仅仅是扭矩和转速的变换器，已成为伺服系统的组成部分，必须根据伺服控制的要求进行选择和设计。例如，在数控机床的设计中，应把机械传动部分放在电动机调速系统中统一考虑，以提高整个系统的动态特性。

传动机构除了要满足传动精度的要求外，还要满足小型、高速、低噪声和高可靠性的要求。

（二）导向机构

导向机构不仅要支承、固定和连接系统中的零部件，还要保证这些零部件之间的相互位置要求和相对运动的精度要求，为机械系统中各运动装置能安全、准确地完成其特定方向的运动提供保障。导向机构也是伺服系统的组成部分。

（三）执行机构

执行机构是最终完成操作任务的部分。执行机构根据操作指令的要求，在动力源的带动下，完成预定的操作。完成不同的任务，需要不同的机构。与传统的机械系统相比，机电一体化系统简化了执行机构，有利于充分发挥计算机的协调和控制功能。

第二节　机械传动部件设计

机械传动部件包括齿轮传动副、丝杠螺母副、带传动副等各种线性传动部件以及连杆机构、凸轮机构等非线性传动部件。机电系统中多采用集成的伺服传动部件，结构紧凑，维修方便。下面主要介绍线性传动部件中的丝杠螺母副和带传动副的设计。

一、滚珠螺旋传动设计

滚珠螺旋传动是在丝杠和螺母滚道之间放入适量的滚珠，使螺纹间产生滚动摩擦。丝杠转动时，带动滚珠沿螺纹滚道滚动。螺母上装有反向器，与螺纹滚道构成滚珠的循环通道。为使滚珠与滚道之间无间隙甚至有过盈配合，可设置预紧装置。为延长工作寿命，可设置润滑件和密封件。

滚珠螺旋传动与滑动螺旋传动或其他直线运动副相比，有以下特点：

（1）传动效率高。一般滚珠丝杠副的传动效率达 85% ~ 98%，为滑动丝杠副的 3 ~ 4 倍。

（2）运动平稳。滚动摩擦因数接近常数，启动时与工作时的摩擦力矩差别很小，启动时无冲击，低速时无爬行。

（3）能够预紧。预紧后可消除间隙产生过盈，提高接触刚度和传动精度，同时增加的摩擦力矩相对不大。

（4）工作寿命长。滚珠丝杠副的摩擦表面具有高硬度（58 ~ 62 HRC）、高精度，工作寿命较长，精度保持性好，其工作寿命为滑动丝杠副的 4 ~ 10 倍。

（5）定位精度和重复定位精度高。由于滚珠丝杠副摩擦力小、温升小、无爬行、无间隙，通过预紧进行预拉伸的热膨胀补偿，可达到较高的定位精度和重复定位精度。

（6）同步性好。用几套相同的滚珠丝杠副同时传动几个相同的运动部件，可较好地实现同步运动。

（7）可靠性高。润滑密封装置结构简单，维修方便。

（8）不自锁。用于竖直传动时，必须在系统中附加自锁或制动装置。

（9）成本较高。滚珠丝杠副的结构复杂，制造成本较高。

（一）滚珠丝杠副的结构

1. 螺纹滚道法向截面形状

螺纹滚道法向截面形状有单圆弧和双圆弧两种，如图 3-1 所示。滚道沟曲率半径R与滚珠直径 D_w 之比R/D_w=0.52 ~ 0.56。单圆弧形滚道要有一定的径向间隙，使实际接触角 $\alpha \approx 45°$ 。双圆弧形滚道的理论接触角 $\alpha = 38° \sim 45°$，实际接触角随径向间隙和载荷而变。

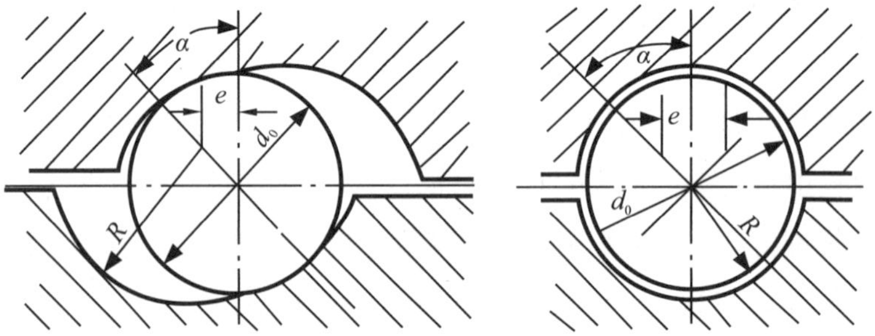

（a）双圆弧形　　（b）单圆弧形

图 3-1　滚珠螺旋传动的螺纹滚道法向截面形状

2. 滚珠循环方式

（1）内循环。滚珠在循环过程中始终与丝杠的表面接触，这种循环称为内循环。如图 3-2 所示，在螺母孔内接通相邻滚道的反向器，引导滚珠越过丝杠的螺纹外径进入相邻滚道，形成一个循环回路。一般在一个螺母上装有 2 ~ 4 个均匀分布的反向器，称为 2 ~ 4 列。内循环结构回路短、摩擦小、效率高、径向尺寸小，但精度要求高，否则误差对循环的流畅性和传动平稳性有影响。图 3-2 中的反向器为圆形，带凸键，不能浮动，称为固定式反向器。若反向器为圆形，可在孔中浮动，外加弹簧片令反向器压向滚珠，称为浮动式反向器。浮动式反向器可以做到无间隙有预紧，刚度较高，回珠槽进出口自动对接，通道流畅，摩擦特性好，但制造成本较高。

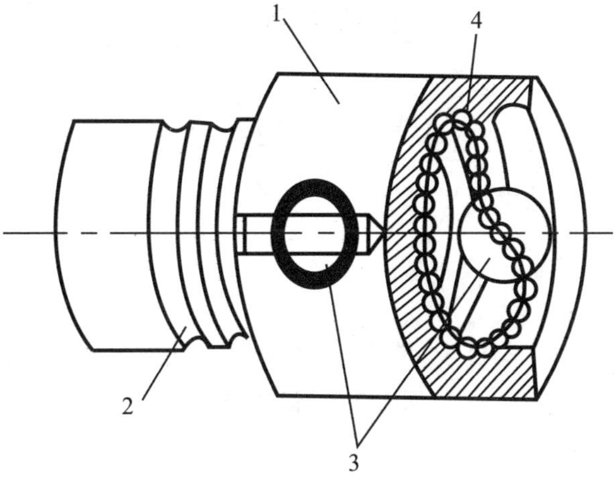

1—螺母；2—丝杠；3—反向器；4—滚珠

图 3–2　内循环

（2）外循环。在循环过程中，滚珠会有一段离开丝杠表面，这种循环称为外循环。图 3–3 所示为插管式外循环。回程引导装置两端插入与螺纹滚道相切的孔内，引导滚珠进出弯管，形成一个循环回路，再用压板将回程引导装置固定。可做成多列，以提高承载能力。采用插管式外循环方式时，滚珠螺旋装置结构简单、制造容易，但径向尺寸大，且弯管两端的管舌耐磨性和抗冲击性能差。若在螺母外表面上开槽与切向孔连接，代替弯管，则为螺旋槽式外循环，此类滚珠螺旋装置径向尺寸较小，但槽与孔的接口为非圆滑连接，滚珠经过时易产生冲击。若在螺母两端加端盖，端盖上开槽引导滚珠沿螺母上的轴向孔返回，则为端盖式外循环，如图 3–4 所示。后两种外循环结构紧凑，但滚珠所经接口处要连接光滑，且坡度不能太大。

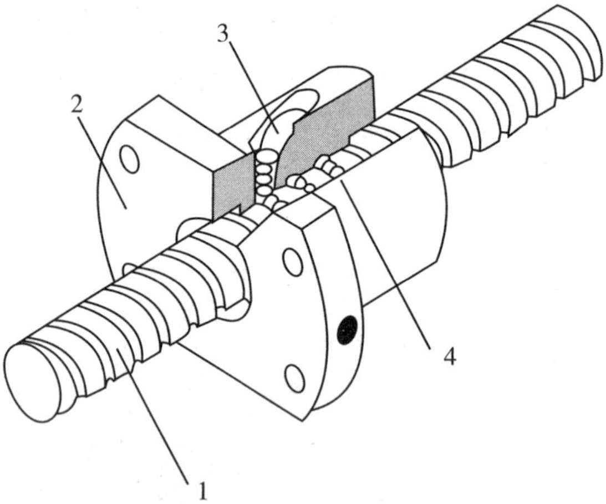

1—丝杠；2—螺母；3—回程引导装置；4—滚珠

图 3–3　插管式外循环

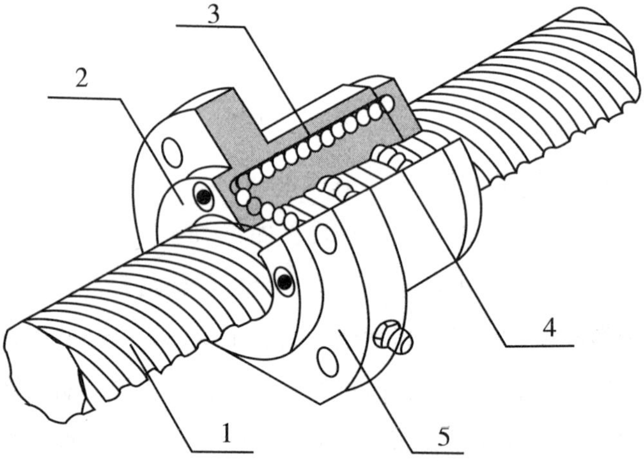

1—丝杠；2—端盖；3—循环滚珠；4—承载滚珠；5—螺母

图 3–4　端盖式外循环

3. 预紧方式

滚珠丝杠的传动间隙是轴向间隙。为了保证反向传动精度和轴向刚度，必须消除轴向间隙。通常采用以下几种预紧方式：

（1）单螺母变位导程预紧（B）。仅仅是在螺母中部对其导程增加一个预压量，以达到预紧的目的。

（2）单螺母增大钢球直径预紧（Z）。为了补偿滚道的间隙，设计时将滚珠的尺寸适当增大，产生预紧力。滚道截面须为双圆弧，预紧力不可太大，其结构最简单，但预紧力大小不能调整。为了提高工作性能，可以在承载滚珠之间加入间隔钢球。

（3）双螺母垫片预紧（D）。修磨垫片厚度，使两螺母的轴向距离改变。当垫片较厚时，即产生预拉应力；当垫片较薄时，即产生预压应力。后一种形式下垫片预紧刚度高，但调整不便，不能随时调隙预紧。

（4）双螺母螺纹预紧（L）。调整圆螺母，使丝杠右螺母向右，产生拉伸预紧。这种方法调整方便，但预紧量不易掌握。

（5）双螺母齿差预紧（C）。两螺母端面分别加工出齿数为 z_1、z_2 的内齿圈，分别与双联齿轮啮合。一般 $z_2=z_1+1$。这种方法调整精确且方便，但结构较复杂。

（二）滚珠丝杠副的精度

滚珠丝杠副根据使用范围及要求分为六个精度等级，即 C、D、E、F、G、H，其中，C 级最高，H 级最低。

根据使用范围，滚珠丝杠副可分为定位 P 类和传动 T 类。

1. 行程偏差和行程变动量

行程偏差可按表 3-1 的规定逐项检验。

表 3-1 行程偏差检验项目

<table>
<tr><td rowspan="2">项目</td><td colspan="7">P 类</td><td>T 类</td></tr>
<tr><td colspan="8">检验要求</td></tr>
<tr><td>有效行程内行程补偿值</td><td colspan="7">用户规定</td><td>$C=0$</td></tr>
<tr><td>目标行程公差</td><td colspan="7">按精度等级查表</td><td>同左</td></tr>
<tr><td>有效行程内允许行程变动量</td><td colspan="7">按精度等级查表</td><td>—</td></tr>
<tr><td rowspan="2">300 mm 行程内允许行程变动量 / μm</td><td>1</td><td>2</td><td>3</td><td>4</td><td>5</td><td>7</td><td>10</td><td rowspan="2">同左</td></tr>
<tr><td>6</td><td>8</td><td>12</td><td>16</td><td>23</td><td>52</td><td>210</td></tr>
<tr><td rowspan="2">2π 弧度内允许行程变动量 / μm</td><td>1</td><td>2</td><td>3</td><td>4</td><td>5</td><td>7</td><td>10</td><td rowspan="2">—</td></tr>
<tr><td>4</td><td>5</td><td>6</td><td>7</td><td>8</td><td>—</td><td>—</td></tr>
</table>

有效行程 l_u 按下式计算：

$$l_u=(l_1-2l_e)$$

式中：l_1——丝杠螺纹全长；

l_e——余程，如表 3–2 所示。

表 3–2　导程与余程

基本导程 /mm	2.5	3	4	5	6	8	10	12	16	20
余程 /mm	10	12	16	20	24	32	40	45	50	60

2. 跳动和位置公差

跳动和位置公差的检验项目有：滚珠丝杠螺纹外径对丝杠螺纹轴线的径向圆跳动；滚珠丝杠支承轴颈对丝杠螺纹轴线的径向圆跳动；滚珠丝杠轴颈对支承轴颈的径向圆跳动；滚珠丝杠支承轴颈肩面对丝杠螺纹轴线的圆跳动；有预加载荷的滚珠螺母安装端面对螺纹轴线的圆跳动；有预加载荷的滚珠螺母安装直径对丝杠螺纹轴线的径向圆跳动；有预加载荷的滚珠螺母定位面对丝杠螺纹轴线的平行度等。按规定的测试方法、精度等级，从有关标准中可查得公称直径、多次测量间隔、螺母直径等参数的允差。

3. 性能检验

性能检验项目有动态预紧转矩极限偏差、轴向接触刚度等。按规定的测试方法、精度等级，从相应的标准中可求得有关参数的允差。

（三）滚珠丝杠的支承结构形式

滚珠丝杠的作用主要是约束丝杠的轴向窜动，其次才是径向约束。

1. 单支承形式

（1）双向推力固定（F）。可供双向圆锥滚子轴承或两个单向圆锥滚子轴承反向成组使用；可供双向推力角接触球轴承或两个单向推力角接触球轴承反向成组使用；可供双向推力球轴承或两个单向推力球轴承反向成组使用；可用于滚针和推力滚子轴承组合或 60° 接触角的推力角接触球轴承组合。

（2）轴向游动简支（S）。可用于深沟球轴承、圆柱滚子轴承等。

（3）单向推力（J）。可用于单向圆锥滚子轴承、单向推力角接触球轴承等。

（4）自由端（O）。对轴向和径向均无约束。

2. 两端支承形式

（1）两端固定（双推 – 双推，F–F）。这种形式下轴向刚度最高，预拉伸安装时，预加载荷较小，轴承使用寿命较长，适用于高速、高刚度、高精度的场合，但这种形式结构复杂，工艺困难，成本最高。

（2）一端固定、一端游动（双推 – 简支，F–S）。这种形式轴向刚度不高，与螺母位置有关，双推端可预拉伸安装，适用于中速、精度较高的长丝杠。

（3）两端均为单向推力（单推 – 单推，J–J）。这种形式轴向刚度较高，预拉伸安装时，预加载荷较大，轴承寿命比采用双推 – 双推形式时的低，适用于中速、精度高的场合，并可用双推 – 单推组合。

（4）一端固定、一端自由（双推 – 自由，F–O）。这种形式轴向刚度低，双推端可预拉伸安装，适用于中小载荷与低速场合，更适用于竖直安装条件、短丝杠。

（四）滚珠丝杠副的选择

设计滚珠丝杠副的已知条件是：工作载荷 F（N）或平均工作载荷 F_m（N）、使用寿命 L_h'（h）、丝杠的工作长度（或螺母的有效行程）l（m）、丝杠的转速 n（平均转速 n_m 或最大转速 n_{max}）（r/min），以及滚道硬度和运转情况。

设计步骤及方法如下：

（1）载荷 F_c（N）的计算

$$F_c = K_F K_H K_A F_m$$

式中：K_F——载荷系数，按表 3–3 选取；

K_H——硬度系数，按表 3–4 选取；

K_A——精度系数，按表 3–5 选取；

F_m——平均工作载荷（N）。

表 3–3　载荷系数

载荷性质	无冲击平稳运转	一般运转	有冲击和振动运转
K_F	1 ~ 1.2	1.2 ~ 1.5	1.5 ~ 2.5

表 3–4　硬度系数

滚道实际硬度 /HRC	≥ 58	55	50	45	40
K_H	1.0	1.11	1.56	2.4	3.85

表 3–5　精度系数

精度等级	C、D	E、F	G	H
K_A	1.0	1.1	1.25	1.43

（2）额定动载荷计算值C_a'（N）的计算。

（3）根据C_a'值从滚珠丝杠副系列中选择所需要的规格，使所选规格丝杠副的额定动载荷 C_a 值等于或大于C_a'，并列出其主要参数值。

（4）验算传动效率、刚度及工作平稳性是否满足要求，如不能，应另选其他规格并重新验算。

（5）对于低速（$n \leq 10$ r/min）传动，只按额定静载荷计算即可。

二、同步带传动设计

同步带传动是综合带传动、齿轮传动和链传动特点的一种新型传动。如图 3–5 所示，带的工作表面制有带齿，它与制有相应齿形的带轮相啮合，用来传递运动和动力。

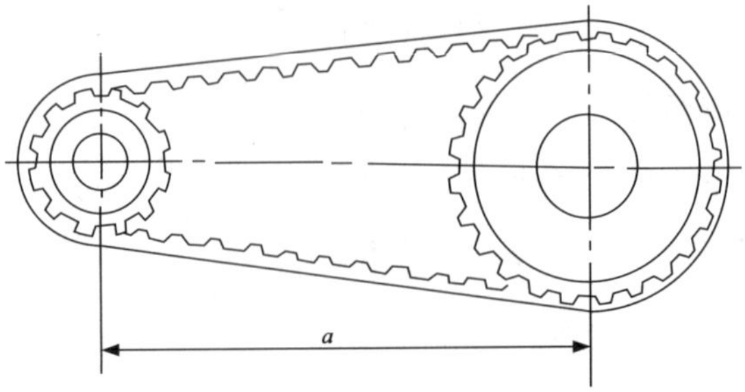

图 3–5　同步带传动

同步带是 1940 年由美国尤尼罗尔橡胶公司开发的，1946 年辛加公司把同步带用于缝纫机针和缠线管的同步传动上，取得显著效益，后来同步带传动被逐渐引用到其他机械传动上。

（一）同步带传动的特点

与一般带传动相比较，同步带传动具有如下特点：

（1）传动比准确，传动效率高。

（2）工作平稳，能吸收振动。

（3）不需润滑，耐油、水、高温、腐蚀，维护保养方便。

（4）中心距要求严格，安装精度要求高。

（5）制造工艺复杂，成本高。

（二）同步带传动的分类及应用

同步带传动的分类及应用如表 3–6 所示。

表 3–6　同步带传动的分类及应用

<table>
<tr><th>分类方法</th><th colspan="2">种类</th><th>应用</th><th>标准</th></tr>
<tr><td rowspan="7">按用途分</td><td colspan="2">一般工业用同步带传动（梯形齿同步带传动）</td><td>主要用于中、小功率的同步带传动，如各种仪器、计算机、轻工机械等</td><td>ISO 标准、各国国家标准</td></tr>
<tr><td colspan="2">大转矩同步带传动（圆弧齿同步带传动）</td><td>主要用于重型机械，如运输机械（飞机、汽车）、石油机械和机床、发电机等</td><td>尚无 ISO 标准和各国国家标准，仅限于各国企业标准</td></tr>
<tr><td colspan="2">特种规格的同步带传动</td><td>根据某种机器特殊需要而采用的特殊规格同步带传动，如工业缝纫机用、汽车发动机用等</td><td>汽车同步带有 ISO 标准和各国标准。日本有缝纫机同步带标准</td></tr>
<tr><td rowspan="4">特殊用途的同步带</td><td>耐油性同步带</td><td>用于经常粘油或浸在油中传动的同步带</td><td rowspan="4">尚无标准</td></tr>
<tr><td>耐热性同步带</td><td>用于环境温度在 90 ℃以上的场合</td></tr>
<tr><td>高电阻同步带</td><td>用于要求传动带电阻大于 6 MΩ 的场合</td></tr>
<tr><td>低噪声同步带</td><td>用于大功率、高速但要求低噪声的场合</td></tr>
</table>

（续表）

分类方法	种类	应用	标准
按规格分	模数制：同步带的主要参数是模数，根据模数来确定同步带的型号及结构参数	20 世纪 60 年代用于日、意、苏联等国，后逐渐被节距制取代，目前仅俄罗斯及东欧各国使用	各国国家标准
	节距制：同步带主要参数是带齿节距，按节距大小，相应带、轮有不同尺寸	世界各国广泛采用	ISO 标准、各国国家标准

（三）同步带的结构、主要参数和规格

同步带一般由带背和包布层、承载绳、带齿组成。在以氯丁橡胶为基体的同步带上，其齿面还覆盖了一层尼龙包布。

承载绳用于传递动力，同时保证带的节距不变，因此承载绳应有较高的强度和较小的伸长率。目前常用的承载绳材料有钢丝、玻璃纤维、芳香族聚酰胺纤维（简称芳纶）。

带齿是直接与带轮啮合并传递扭矩的，因此不仅要求其有高的抗剪强度和耐磨性，而且要求其有高的耐油性和耐热性。用于连接、包覆承载绳的带背，在运转过程中要承受弯曲应力，因此要求带背有较高的韧度和良好的耐弯曲疲劳能力。带背和带齿一般采用相同材料制成，常用的材料有聚氨酯橡胶和氯丁橡胶。

包布层仅用于以氯丁橡胶为基体的同步带，它可以增加带齿的耐磨性，提高带的抗拉强度，一般用尼龙丝织成。

同步带的主要参数是带齿的节距。承载绳在工作时间内长度不变，因此承载绳的中心线被规定为同步带的节线，并以节线长度作为其公称长度。同步带上相邻两齿对应点沿节线度量的距离称为带的节距。

国家标准《同步带传动节距型号 MXL、XXL、XL、L、H、XH 和 XXH 同步带尺寸》对同步带型号、尺寸作了规定。同步带有单面齿（仅一面有齿）和双面齿（两面都有齿）两种形式。双面齿按齿排列的不同，分为 D I

型（对称齿形）和 D Ⅱ 型（交错齿形），如图 3–6 所示。两种形式的同步带均按节距不同分为七种规格，如表 3–7 所示。

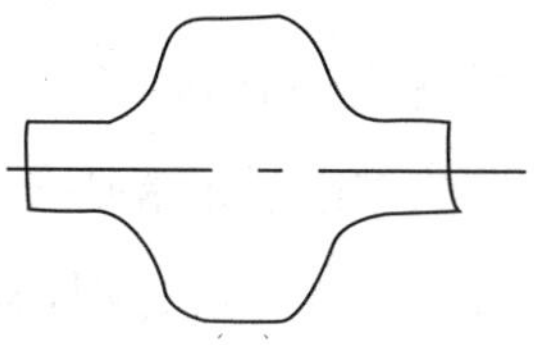

（a）D Ⅰ型

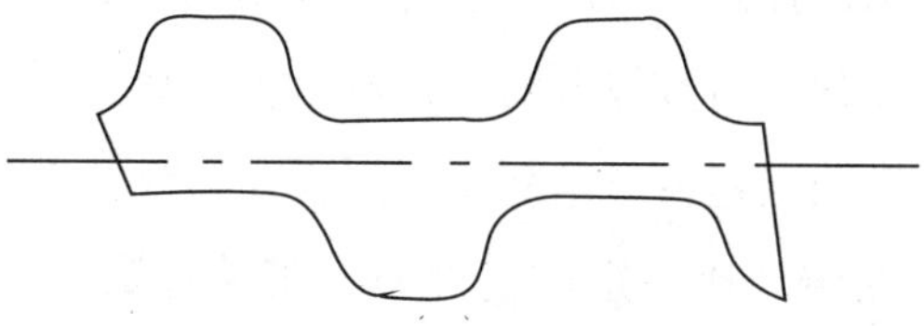

（b）D Ⅱ型

图 3–6 双面齿类型

表 3–7 同步带的型号和节距

型号	MXL	XXL	XL	L	H	XH	XXH
节距 /mm	2.032	3.175	5.080	9.525	12.700	22.225	31.750

同步带的标记包括长度代号、型号、宽度代号，双面齿同步带还应加上符号 D Ⅰ或 D Ⅱ。

（四）同步带轮的结构和规格

同步带轮的结构如图 3–7 所示。为防止工作带脱落，一般在小带轮两侧装有挡圈。同步带轮材料一般为铸铁或钢，高速、小功率时可采用塑料或轻合金。

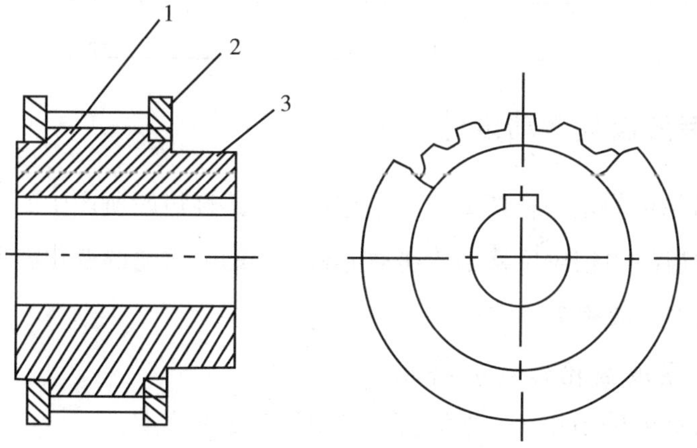

1—齿圈；2—挡圈；3—轮毂

图 3–7 同步带轮

与梯形齿同步带相匹配的带轮，其齿形有直线形和渐开线形两种。直线齿形在啮合过程中与带齿工作侧面有较大的接触面积，齿侧载荷分布较均匀，从而提高了带的承载能力和使用寿命。渐开线齿形的齿槽形状随带轮齿数而变化，齿数较多时，齿廓近似直线。这种齿形的优点是有利于带齿的啮入，其缺点是齿形角变化较大，在齿数较少时，易影响带齿的正常啮合。

在传动比一定的情况下，带轮齿数较少，传动结构越紧凑，但齿数过少，工作时啮合的齿数减少，易造成带齿承载过大而被剪断。此外，还会因为带轮直径减小，造成与之啮合的带产生弯曲疲劳破坏。国家标准规定的小带轮许用最少齿数如表 3–8 所示。

表 3–8　小带轮许用最少齿数

小带轮转速 / (r · min^{-1})	许用最少齿数						
	MXL	XXL	XL	L	H	XH	XXH
	(2.032)	(3.175)	(5.080)	(9.525)	(12.700)	(22.225)	(31.750)
900 以下	10	10	10	12	14	22	22
900 ~ 1 200	12	12	10	12	16	24	24
1 200 ~ 1 800	14	14	12	14	18	26	26
1 800 ~ 3 600	16	16	12	16	20	30	—
3 600 ~ 4 800	18	18	15	18	22	—	—

三、谐波齿轮传动设计

谐波齿轮传动是一种新型传动，它是依靠柔性齿轮所产生的可控制弹性变形波引起齿间的相对位移来传递动力和运动的。柔轮的变化波形是一个基本对称的谐波，故称为谐波传动。

（一）谐波齿轮传动的特点

与一般齿轮传动相比，谐波齿轮传动具有如下优点：

（1）传动比大。单级谐波齿轮的传动比为 50 ~ 500，多级和复式传动的传动比更大，可达 30 000 以上。谐波齿轮传动不仅用于减速，还可用于增速。

（2）承载能力大。谐波齿轮传动中同时啮合的齿数多，可达柔轮或刚轮齿数的 30% ~ 40%，因此能承受大的载荷。

（3）传动精度高。由于啮合齿数较多，误差得到均化。同时，通过调整，齿侧间隙较小，回差较小，因而传动精度高。

（4）可以向密封空间传递运动或动力。柔轮被固定后，既可以作为密封传动装置的壳体，又可以产生弹性变形，即完成错齿运动，从而达到传递运动或动力的目的。因此，它可以用来驱动在高真空、有原子辐射或其他有害介质的空间中工作的传动机构，这一特点是现有其他传动机构所无法比拟的。

（5）传动平稳。基本上无冲击振动。由于齿的啮入与啮出按正弦规律变化，无突变载荷和冲击，磨损小，无噪声。

（6）传动效率较高。单级传动的效率一般在 69% ~ 96% 的范围内。

（7）结构简单，体积小，质量小。

由于谐波齿轮传动具备上述优点，在机电一体化系统中得到了广泛的应用，如用于机器人、无线电天线伸缩器、手摇式谐波传动增速发电机、雷达、射电望远镜、卫星通信地面站天线的方位和俯仰传动机构、电子仪器仪表、精密分度机构、小侧隙和零侧隙传动机构等。

谐波齿轮传动的缺点如下：

（1）柔轮和波发生器制造复杂，需专门设备，成本较高。

（2）传动比的下限值较高。

（3）不能做成交叉轴和相交轴的结构。

（二）谐波齿轮传动的工作原理

谐波齿轮传动主要由波发生器、柔轮和刚轮组成。柔轮具有外齿，刚轮具有内齿，它们的齿形为三角形或渐开线形，其齿距相等，但齿数不同，刚轮的齿数比柔轮的齿数多。柔轮的轮缘极薄，刚度很小，在未装配前，柔轮是圆形的。由于波发生器的直径比柔轮内圆的直径略大，当波发生器装入柔轮的内圆时，就会迫使柔轮变形，呈椭圆形。在椭圆长轴的两端，刚轮与柔轮的轮齿完全啮合；在椭圆短轴的两端，两轮的轮齿完全分离；长短轴之间的齿处于半啮合状态，即一部分正在啮入，一部分正在脱出。

波发生器有 2 个触头，称为双波发生器。其刚轮与柔轮的齿数差为 2，周长相差 2 个齿距的弧长。若采用三波发生器，则刚轮和柔轮的齿数差为 3。

当波发生器转动时，迫使柔轮的长短轴的方向随之发生变化，柔轮与刚轮上的齿依次进入啮合。柔轮和刚轮在节圆处的啮合过程，如同两个圆环的纯滚动一样，它们在任一瞬间转过的弧长都必须相等。对于双波传动，由于柔轮比刚轮的节圆周长短了 2 个齿距弧长，因此柔轮在啮入和啮出的 1 转中，就必然相对于刚轮在圆周方向错过 2 个齿距弧长，这样柔轮就相对于刚轮沿着波发生器相反的方向转动。当波发生器沿逆时针方向旋转 45° 时，将迫使柔轮和刚轮相对移动 1/4 个齿距；当波发生器转过 180° 时，两者相对移动 1 个齿距。当波发生器连续运转时，柔轮上任何一点的径向变形量是随转角变化的变量，谐波齿轮传动正是借助柔轮的这种弹性变形波来实现轮齿间的啮合和相对运动的。波发生器旋转一周的过程中，柔轮每一点变形的次数称为波数。波数等于刚轮与柔轮的齿数差。

（三）谐波齿轮传动比的计算

在谐波齿轮传动中，刚轮、柔轮和波发生器这三个基本构件中的任何一个都可作为主动件，其余两个，一个作为从动件，一个作为固定件。单级谐波齿轮传动的传动比见表 3–9。

表 3–9　单级谐波齿轮传动的传动比

构　件			功能	输入与输出运动的方向
固定	输入	输出		
刚轮	波发生器	柔轮	减速	异向
刚轮	柔轮	波发生器	增速	异向
柔轮	波发生器	刚轮	减速	同向
柔轮	刚轮	波发生器	增速	同向

（四）谐波齿轮减速器

高速轴带动波发生器凸轮，经柔性轴承使柔轮的齿产生弹性变形，柔轮的齿与刚轮的齿相互作用，实现减速输出。

单级谐波齿轮减速器的型号由产品代号、规格代号和精度等级三部分组成。

各种规格的谐波齿轮减速器的有关参数和技术指标可参见相应标准。

第三节　支承部件设计

支承部件主要有轴承、导轨和机身（或基座）等。支承部件的精度、刚度、抗振性、热稳定性等直接影响伺服系统的精度、动态特性和可靠性。因此，机电一体化系统对支承部件的要求是精度高、刚度高、热变形小、抗振性好、可靠性高，并且有良好的耐摩擦特性。

一、回转运动支承设计

回转运动支承主要指滚动轴承，动、静压轴承，磁轴承，等等，它的作用是支承作回转运动的轴或丝杠。随着刀具材料和加工自动化的发展，主轴的转速越来越高，变速范围越来越大，如中型数控机床和加工中心的主轴最高转速可达到 5 000 ~ 6 000 r/min，甚至更高。内圆磨床为了达到足够的磨削速度，磨削小孔的砂轮主轴转速高达 240 000 r/min。因此，机电一体化系统对轴承的精度、承载能力、刚度、抗振性、寿命、转速等提出了更高的要求，也逐渐出现了许多新型结构的轴承。

机电一体化系统中常用的轴承及其特点如表 3-10 所示。

表 3-10 机电一体化系统中常用的轴承及其特点

性能	滚动轴承		静压轴承	动压轴承	磁轴承
	一般滚动轴承	陶瓷轴承			
精度	一般，在预紧无间隙时较高（1 ~ 1.5 μm）	一般，1 μm	高，液体静压轴承可达 0.1 μm，气体静压轴承可达 0.02 ~ 0.12 μm，精度保持性好	较高，单油楔 0.5 μm，双油楔 0.08 μm	一般，1.5 ~ 3 μm
刚度	一般，预紧后较高，取决于所用轴承形式	不及一般滚动轴承	液体静压轴承高，气体静压轴承较低	液体动压轴承较高	不及一般滚动轴承
抗振性	较差，阻尼比为 0.02 ~ 0.04	同一般滚动轴承	好	较好	较好
速度性能	用于低、中速，特殊轴承可用于较高速	用于中、高速，热导率低，不易发热	液体静压轴承可用于各种速度，气体静压轴承可用于超高速（80 000 ~ 160 000 r/min）	用于高速	用于高速（30 000 ~ 50 000 r/min）
摩擦损耗	较小，0.002 ~ 0.008	同一般滚动轴承	小	启动时较大	很小
使用寿命	较短	较长	长	长	长
制造难易	轴承生产专业化、标准化	比一般滚动轴承难	自制，工艺要求高，需供油或供气系统	自制，工艺要求高	较复杂
使用维修	简单，用油脂润滑	较难	液体静压轴承的供油系统清洁较难。气体静压轴承的供气系统清洁度要求高，但使用维修容易	比较简单	较难
成本	低	较高	较高	较高	高

（一）滚动轴承

1. 标准滚动轴承

标准滚动轴承的尺寸规格已标准化、系列化。使用时，主要根据刚度和转速来选择。如有要求，还应考虑其他因素，如承载能力、抗振性和噪声等。

近年来，为适应各种不同的要求，开发了不少用于机电一体化系统的新型轴承，下面介绍其中的两种。

（1）空心圆锥滚子轴承

图 3-8 所示为双列和单列空心圆锥滚子轴承。一般将双列的轴承用于前支承，单列的轴承用于后支承，配套使用。

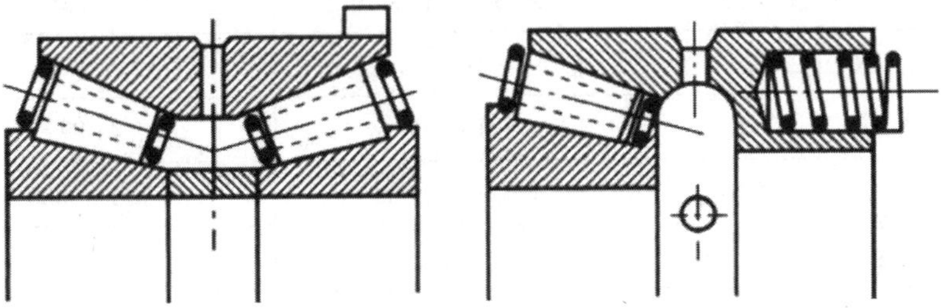

（a）双列空心圆锥滚子轴承　　（b）单列空心圆锥滚子轴承

图 3-8　空心圆锥滚子轴承

空心圆锥滚子轴承与一般圆锥滚子轴承的不同之处在于：滚子是中空的，保持架是整体加工的，它与滚子之间没有间隙。工作时大部分润滑油将被迫通过滚子中间的小孔，以便冷却最不易散热的滚子；润滑油的另一部分则在滚子与滚道之间通过，起润滑作用。此外，中空的滚子还具有一定的弹性变形能力，可吸收一部分振动。双列轴承的两列滚子数目相差 1 个，使两列的刚度变化频率不同，以抑制振动。单列轴承外圈上的弹簧用于预紧。这两种轴承的外圈较宽，与箱体孔的配合可以松一些。箱体孔的圆度和圆柱度误差对外圈滚道的影响较小。这种轴承用油润滑，故常用于卧式主轴。

（2）陶瓷滚动轴承

陶瓷滚动轴承的结构与一般滚动轴承相同，目前常用的陶瓷材料为 Si_3N_4。陶瓷轴承与钢轴承材料的特性如表 3-11 所示。由于陶瓷的热导率低、不易发热、硬度高、耐磨，在采用油脂润滑的情况下，轴承内径为 25 ~ 100 mm 时，主轴转速可达 8 000 ~ 15 000 r/min。在油雾润滑的情况下，轴承内径为 65 ~ 100 mm 时，主轴转速可达 15 000 ~ 20 500 r/min；轴承内径为 40 ~ 60 mm 时，主轴转速可达 20 000 ~ 30 000 r/min。陶瓷滚动轴承主要用于中、高速运动的主轴的支承。

表 3–11 陶瓷轴承与钢轴承材料的特性

项 目	陶瓷（Si_3N_4）	钢 球
密度 /（$g \cdot cm^{-3}$）	3.21	7.85
线膨胀系数 /（$℃^{-1}$）	3.2×10^{-6}	12.5×10^{-6}
纵向弹性系数 /MPa	3.2×10^4（3.14×10^4）	2.1×10^4（2.06×10^4）
泊松比	0.26	0.30
热导率 /（$W \cdot m^{-1} \cdot K^{-1}$）	20 ～ 35	41.87
硬度（常温下）/HBW	1 800 ～ 2 000	700 ～ 800
耐热温度 /℃	800	120
耐蚀性	大	小
磁性	非磁性	非磁性

2. 非标准滚动轴承

当对轴承有特殊要求时，需根据使用要求自行设计非标准滚动轴承。

（1）微型滚动轴承

图 3-9 所示为微型向心推力轴承，它具有杯形外圈，$D \geqslant 1.1$ mm，但没有内环，锥形轴颈直接与滚珠接触，由弹簧或螺母调整轴承间隙。

当 $D > 4$ mm 时，可有内环，如图 3–10（a）所示，采用碟形垫圈来消除轴承间隙。图 3–10（b）所示的轴承内环可以与轴一起从外环和滚珠中取出，装拆比较方便。

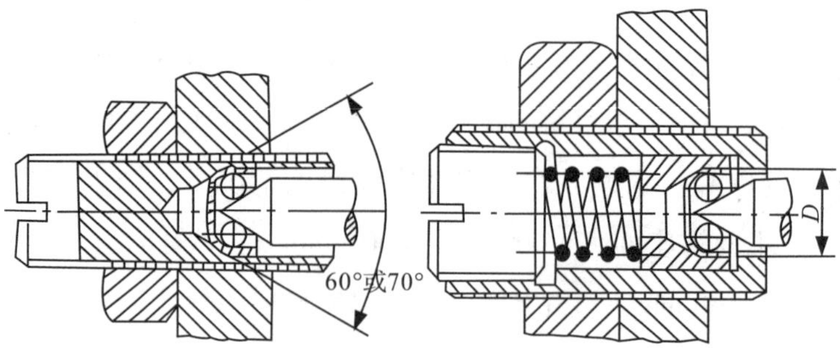

图 3–9 微型向心推力轴承

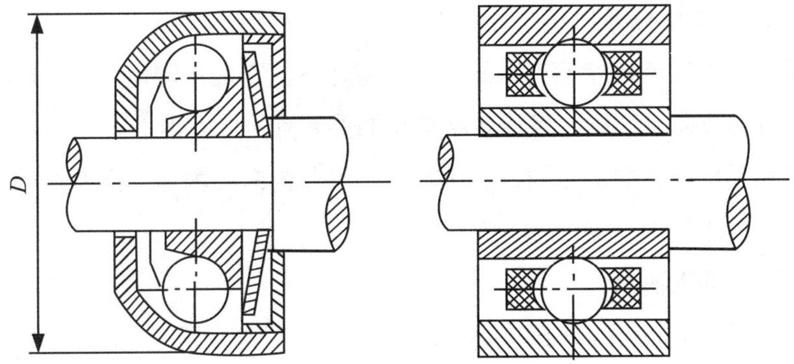

（a）用碟形垫圈来消除轴承间隙 （b）轴承内环可与轴一起取出

图 3–10 微型滚动轴承

（2）密珠轴承

密珠轴承是一种新型的滚动摩擦支承，它由内、外圈和密集于两者间并具有过盈配合的钢珠组成。密珠轴承有两种形式，即径向轴承和推力轴承，如图 3–11 所示。密珠轴承的内外滚道和止推面分别是形状简单的外圆柱面、内圆柱面和平面，在滚道间密集地安装滚珠。滚珠在其尼龙保持架的空隙中近似以多头螺旋线的形式排列，如图 3–11（c）（d）所示。每个滚珠公转时均沿着自己的滚道滚动而互不干扰，以减少滚道的磨损。密集的滚珠有助于减小滚珠几何误差对主轴轴线位置的影响，具有误差平均效应，有利于提高主轴精度。滚珠与内、外圈之间应保持 0.005 ~ 0.012 mm 的预加过盈量，以消除间隙，增加刚度，提高轴的回转精度。

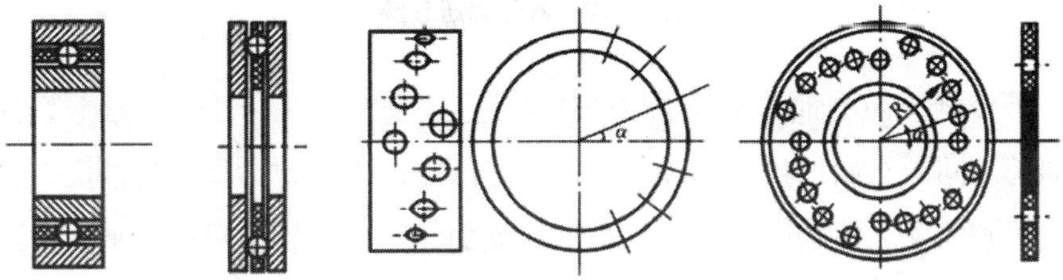

（a）径向轴承 （b）推力轴承 （c）径向轴承保持架 （d）推力轴承保持架

图 3–11 密珠轴承及其保持架

（二）静压轴承

静压轴承是流体摩擦支承的基本类型之一，它是在轴颈与轴承之间充有一定压力的液体或气体，将转轴浮起并承受负荷的一种轴承。

按承受负荷方向的不同，静压轴承常可分为向心轴承、推力轴承和向心推力轴承三种形式。

1. 液体静压轴承

液体静压系统由静压装置、节流器和供油装置三部分组成（见图 3-12）。

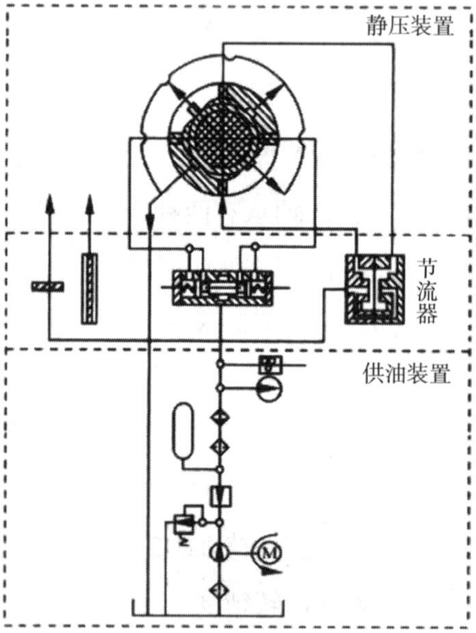

图 3-12 液体静压系统

液体静压向心轴承的轴承内圆柱面上，对称地开有 4 个矩形油腔，油腔与油腔之间开有回油槽。油腔与回油槽之间的圆弧面称为周向封油面。轴承两端面和油腔之间的圆弧面称为轴向封油面。轴装入轴承后，轴承封油面与轴颈之间有适量间隙。

液压泵输出的压力油通过 4 个节流器后分别流进各节流器所对应的油腔，在油腔内形成静压，从而使轴颈和轴承表面被油膜分开，然后经封油面上的间隙和回油槽流回油池。

空载时，由于各油腔与轴颈间的间隙相同，4 个油腔的压力均相同，此时，转轴受到各油腔的油压作用而处于平衡状态，轴颈与轴承同心（忽略转轴部件的自重）。

液体静压轴承与普通滑动轴承和滚动轴承相比有以下特点：摩擦阻力小，传动效率高，使用寿命长，转速范围广，刚度大，抗振性好，回转精度高；能适应不同负荷，满足不同转速的大型或中、小型机械设备的要求；需有一套可靠的供油装置，将增大设备占用的空间和设备质量。

2. 气体静压轴承

图 3–13 所示为气体静压向心轴承简图。由专门的供气装置输出的压缩气体进入轴承的圆柱容腔，并通过沿轴承圆周均匀分布、与端面有一定距离的两排进气孔（又称节流孔）进入轴与轴承之间的间隙，然后沿轴向流至轴承端部，并由此排入大气。气体静压轴承的工作原理与液体静压轴承相同。

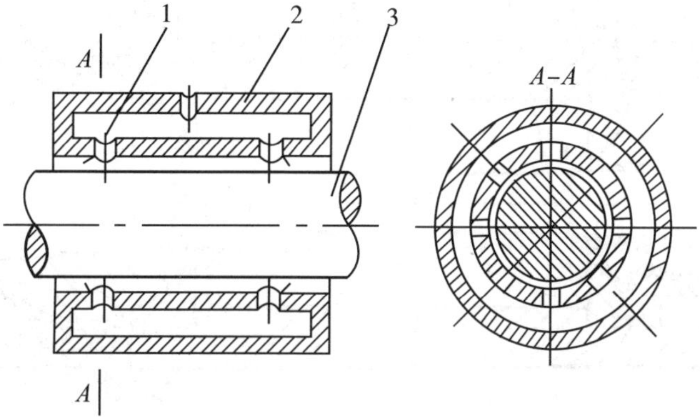

1—进气孔；2—轴承；3—轴

图 3–13　气体静压向心轴承

图 3–14 所示为超精车床球轴承。主轴的右端固定着直径为 70 mm、长为 60 mm 的凸球。具有一定压力的气体从凹球 10、11 的 12 个小孔节流器（直径为 0.3 mm）进入球轴承间隙（12 μm），使主轴浮起，并承受一定的轴向和径向载荷。主轴左端是长 27 mm、直径为 22 mm 的圆柱径向轴承，气体同样通过 12 个小孔节流器进入轴承间隙（18 μm）。当主轴转速为 200 r/min 时，主轴

径向振摆为 0.03 μm，轴向窜动为 0.01 μm，径向刚度为 25 N/μm，轴向刚度为 80 N/μm。当用金刚石刀具加工铝和铜件时，可获得 *Ra* 为 0.01 ~ 0.02 μm 的无划痕镜面。

与液体静压轴承相比较，气体静压轴承由于气体的内摩擦很小、黏度极低，摩擦损失极小，不易发热，适用于要求转速极高和灵敏度要求高的场合。由于气体的理化性高度稳定，气体静压轴承可在支承材料许可的高温、深冷、放射性等恶劣环境中正常工作。若采用空气静压轴承，则对环境无污染，循环系统较液体静压轴承简单。气体静压轴承的主要缺点是负荷能力低、支承的加工精度和平衡精度要求高、所需气体的清洁度要求较高、需严格过滤。

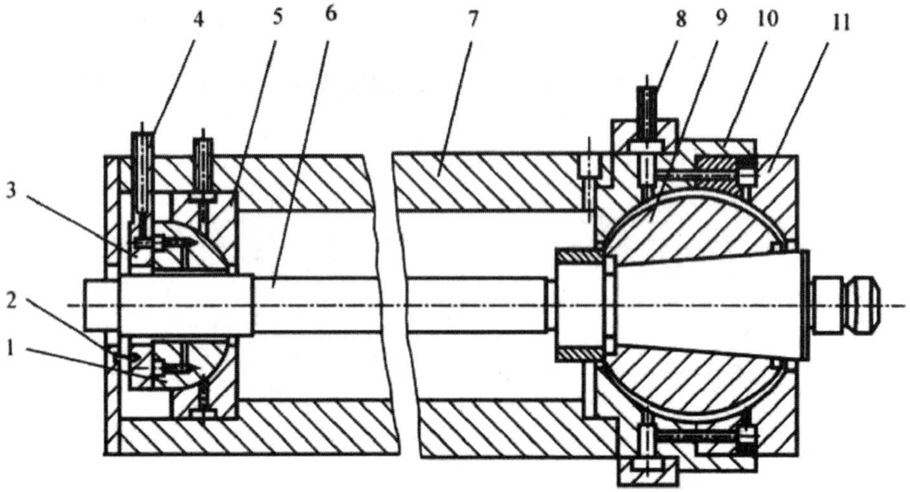

1—圆柱径向轴套；2—弹簧；3—支承板；4、8—进气口；
5、10、11—凹球；6—主轴；7—壳体；9—凸球

图 3-14　超精车床球轴承

（三）磁轴承

磁轴承主要由轴承本身及其电气控制系统组成。磁轴承分为向心轴承和推力轴承两类，它们都由转子和定子组成，其工作原理相同。

定子上安装有电磁铁，转子的支承轴颈处装有铁磁环，定子电磁铁产生

的磁场使转子悬浮在磁场中，转子与定子无任何接触，气隙为 0.3 ~ 1 mm。转子转动时，由位移传感器检测转子的偏心，并通过反馈与基准信号（转子理想位置）在比较元件上进行比较，调节器根据偏差信号进行调节，并把调节信号送到功率放大器以改变磁铁（定子）的电流，从而改变对转子的吸引力，使转子始终保持在理想的位置。

磁轴承是一种高速轴承，其最高转速可达 60 000 r/min。由于采用电磁和电子控制，无机械接触部分，无磨损，也不需润滑和密封，因而转速高、功耗小，可靠性远高于普通轴承。但在低速时，轴与轴承存在电磁关系，会使轴承座振动。在高转速时，磁力结合的动刚度较小。磁力轴承常用在机器人、精密仪器、陀螺仪、火箭发动机等中。

二、直线运动支承设计

直线运动支承主要是指直线运动导轨副，它的作用是保证所支承的各部件（如工作台、尾座等）的相对位置和运动精度。对导轨副的基本要求是导向精度高、刚度大、耐磨、运动灵活和平稳。

机电一体化系统中常用的导轨有滑动导轨、滚动导轨和静压导轨。常用导轨及其特性如表 3–12 所示。

表 3–12　常用导轨及其特性

特性	一般滑动导轨	塑料导轨	滚动导轨	静压导轨	
				液体静压	气体静压
定位精度	一般。位移误差为 10 ~ 20 μm，用防爬油或液压卸荷时为 2 ~ 5 μm	较高。用聚四氟乙烯时，位移误差为 2 μm	高。传动刚度大于 30 N/μm 时，位移误差为 0.1 ~ 0.3 μm	较高。位移误差为 2 μm	高。位移误差为 0.125 μm
摩擦特性	摩擦因数较大，变化范围也大	摩擦因数较小，动、静摩擦因数基本相同	摩擦因数很小，且与速度呈线性关系；动、静摩擦因数基本相同	启动摩擦因数很小（0.000 5），且与速度呈线性关系	摩擦因数小于液体静压导轨摩擦因数

（续表）

特性	一般滑动导轨	塑料导轨	滚动导轨	静压导轨	
				液体静压	气体静压
承载能力	中等。铸铁与铸铁约为 1.5 N/mm^2，钢与铸铁、钢与钢约为 2.0 N/mm^2	聚四氟乙烯连续使用时小于 0.35 N/mm^2；间断使用时小于 1.75 N/mm^2	滚珠导轨较小，滚柱导轨较大	可以很高	承载能力小于液体静压导轨
刚度	刚度大	刚度较大	无预加载荷时刚度较小；有预加载荷的滚动导轨可略大于滑动导轨	间隙小时刚度大，但不及滑动导轨	刚度小
运动平稳性	容易出现爬行现象	无爬行现象	仅在预加载荷过大和制造质量过低时出现爬行现象	运动平稳，低速无爬行	
抗振性	一般	吸振性好	抗振性和抵抗冲击载荷的能力较差	吸振性好	
寿命	非淬火铸铁低，淬火或耐磨铸铁中等，淬火钢高	高	防护很好时高	很高	
速度	中、高	中	任意	低、中	

金属–金属型滑动导轨目前在数控机床等机电一体化产品中使用较少。这些导轨的静摩擦因数大，动、静摩擦因数的差值也大，容易出现低速爬行，因而不能满足伺服系统对快速响应性、运动精度和运动平稳性等的要求。

（一）塑料导轨

塑料导轨是在滑动导轨上镶装塑料而成的。塑料导轨具备化学稳定性高、工艺性好、使用维护方便等优势，因而得到了越来越广泛的应用，但这种导轨耐热性差，且易蠕变，使用中必须注意散热。

常用的塑料导轨有以下三种：

1. 塑料导轨软带

国产 TSF 塑料导轨软带是以聚四氟乙烯为基材，添加合金粉和氧化物等构成的高分子复合材料。将其粘贴在金属导轨上所形成的导轨又称贴塑导轨。

导轨软带粘贴形式如图 3–15 所示。图 3–15（a）所示为平面式，多用于设备的导轨维修。图 3–15（b）所示为埋头式，即粘贴软带的导轨加工有带挡边的凹槽，多用于新产品。

（a）平面式　　（b）埋头式

图 3–15　导轨软带粘贴形式

这种软带可与铸铁或钢组成滑动摩擦副，也可以与滚动导轨组成滚动摩擦副。

2. 金属塑料复合导轨板

金属塑料复合导轨板分三层，如图 3–16 所示。内层为钢带，以保证导轨板的机械强度和承载能力。钢带上有镀烧结成球状的青铜粉或青铜丝网形成的多孔中间层，并浸渍了聚四氟乙烯等塑料填料。中间层可以提高导轨的导热性，避免浸渍进入孔或网中的塑料产生冷流和蠕变。当青铜与配合面摩擦而发热时，热膨胀系数远大于金属的塑料从中间层的孔隙中挤出，向摩擦表面转移，形成厚 0.01 ~ 0.05 mm 的表面自润滑塑料层。这种导轨板一般用胶粘贴在金属导轨上，成本比聚四氟乙烯软带高。图 3–17 所示为某铣床燕尾导轨镶条上安装金属塑料复合导轨板的示意图。

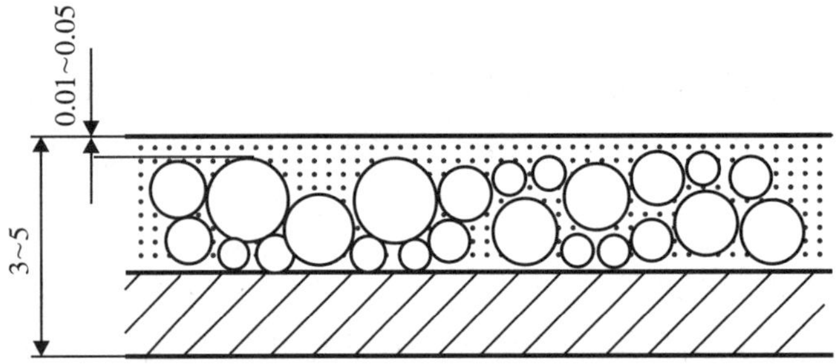

图 3-16 金属塑料复合导轨板（单位：mm）

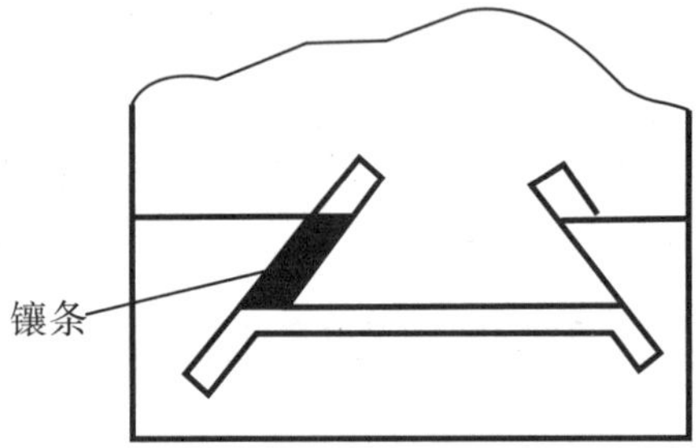

图 3-17 金属塑料复合导轨板的应用示意图

3. 塑料涂层

在导轨副中，若只有一面磨损严重，则可以把磨损部分切除，涂敷配制好的胶状塑料涂层，利用模具或另一摩擦面使涂层成形，固化后的塑料涂层即成为摩擦副中的配对面之一，与另一金属配对面形成新的摩擦副。目前常用的塑料涂层材料有环氧涂料和含氟涂料，它们都以环氧树脂为基体，但所用牌号和加入的成分有所不同。环氧涂料的优点是摩擦因数小且稳定，防爬性能好，有自润滑作用；其缺点是不易存放，且黏度逐渐变大。含氟涂料则克服了上述缺点。

塑料涂层主要用于导轨的维修和设备的改造，也可用于新产品。

（二）滚动导轨

滚动导轨是在作相对运动的两导轨面之间加入滚动体，变滑动摩擦为滚动摩擦的一种直线运动支承。

1. 滚动导轨的特点

（1）摩擦阻力小。在滚动直线导轨副中，滑块与导轨之间放入了适当的钢球，使滑块与导轨之间的滑动摩擦变为滚动摩擦，大大降低了两者之间的摩擦阻力。

（2）承载能力大。其滚道采用圆弧形式，增大了滚动体与圆弧滚道的接触面积，从而大大地提高了导轨的承载能力，可达到平面滚道形式的 13 倍。

（3）刚度大。在制作导轨时，常需要预加载荷，使导轨系统刚度得以提高。

（4）使用寿命长。由于是纯滚动，摩擦因数为滑动导轨的 1/50 左右，磨损小，因而使用寿命长，功耗低。

（5）成对使用导轨副时，具有误差均化效应。

（6）传动平稳可靠。由于摩擦力小，定位精度高，微量移动灵活准确。

（7）具有结构自调整能力。装配调整容易，降低了对配件加工精度的要求。

（8）导轨采用表面硬化处理，使导轨表面具有良好的耐磨性，心部保持了良好的力学性能。

（9）机械结构的设计和制造简单。

2. 滚动导轨的分类

按滚动体形状不同，滚动导轨可分为滚珠导轨、滚柱导轨、滚针导轨三种。图 3–18（a）所示为滚珠导轨，采用点接触形式，摩擦力小，灵敏度高，但承载能力小、刚度小，适用于载荷不大、行程较小、运动灵敏度要求较高的场合。图 3–18（b）所示为滚柱导轨，采用线接触形式，其承载能力和刚度都比滚珠导轨大，适用于载荷较大的场合，制造安装要求高。滚柱结构有实心和空心两种。空心滚柱在载荷作用下有微小变形，可减小导轨局部误差和滚柱尺寸对运动部件导向精度的影响。图 3–18（c）所示为滚针导轨，其尺寸小、结构紧凑、排列密集、承载能力大，但摩擦力较大，精度较低，适用于载荷大、导轨尺寸受限制的场合。

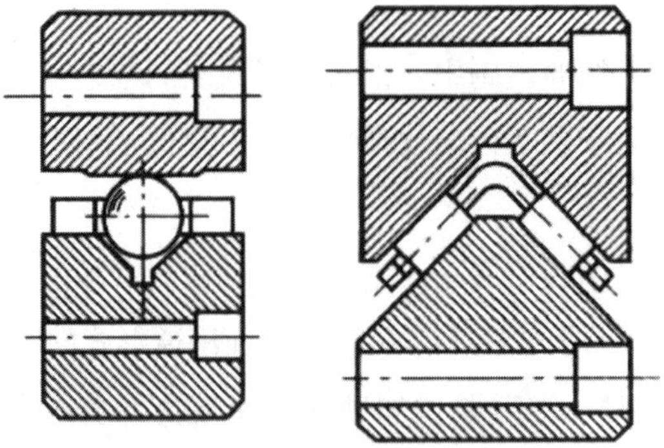

（a）滚珠导轨　（b）滚柱导轨　（c）滚针导轨

图 3–18　滚动导轨结构形式

按滚动体的循环方式，滚动导轨又可分为滚动体不循环式导轨和滚动体循环式导轨两种。

滚道沟槽形状有单圆弧和双圆弧两种，如图 3–19 所示。单圆弧沟槽为两点接触，如图 3–19（a）所示。双圆弧沟槽为四点接触，如图 3–19（b）所示。

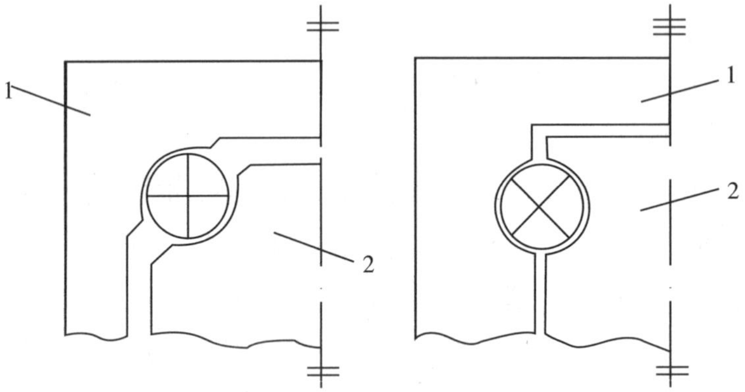

1—滑座；2—导轨

（a）单圆弧沟槽　（b）双圆弧沟槽

图 3–19　滚道沟槽形状

3. 直线滚动导轨副

直线滚动导轨副的结构如图 3–20 所示。它由导轨和滑块组成，滑块的数量可根据需要而定。当滑块移动时，滚珠在滚道内循环运动。

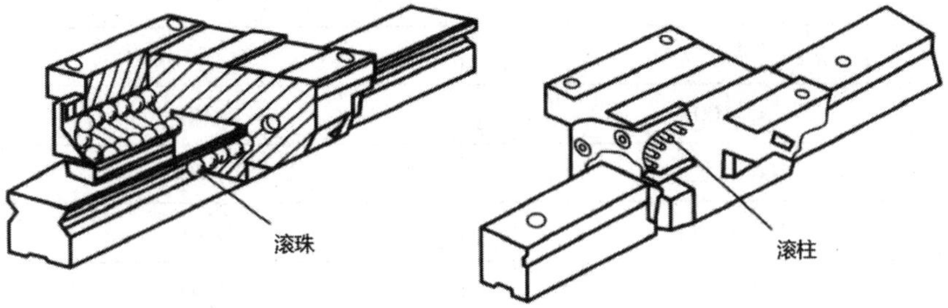

（a）滚珠式　　　　（b）滚柱式

图 3–20　直线滚动导轨副

循环式直线滚动导轨副的承载能力用额定动载荷和额定静载荷表示。其额定寿命 L 为：

$$L=\frac{2\times l_s\times n_z\times 60\times L_h}{10^3}$$

式中：L——额定寿命（km）；

l_s——行程长度（m）；

n_z——每分钟往返次数；

L_h——单位额定寿命（h）。

额定寿命 L 与额定动载荷 C_a 的关系可表示为

$$L=\left(\frac{f_h f_t f_c f_a}{f_w}\frac{C_a}{P}\right)^{\varepsilon}K$$

式中：C_a——额定动载荷（kN）；

P——实际工作载荷（kN）；

K——额定寿命单位，滚珠 K=50 km，滚柱 K=100 km；

f_h——硬度系数；

f_t——温度系数，查表 3–13；

f_c——接触系数，查表 3–14；

f_a——精度系数，查表 3–15；

f_w——载荷系数，查表 3–16。

表 3–13 温度系数 f_t

工作温度 /℃	f_t
≤ 100	1.00
100 ~ 150	0.90
150 ~ 200	0.73
200 ~ 250	0.60

表 3–14 接触系数 f_c

每根导轨上的滑块数	f_c
1	1.00
2	0.81
3	0.72
4	0.66
5	0.61

表 3–15 精度系数 f_a

精度系数	C	D	E	F	G	H
f_a	1.0	1.0	0.9	0.9	0.8	0.7

表 3–16 载荷系数 f_w

工作条件	f_w
无外部冲击或振动的低速运动场合，速度小于 15 m/min	1 ~ 1.5
无明显冲击或振动的中速运动场合，速度小于 60 m/min	1.5 ~ 2
有外部冲击或振动的高速运动场合，速度大于 60 m/min	2 ~ 3.5

（三）静压导轨

静压导轨的工作原理与静压轴承类似。在两导轨面之间通入具有压力的液体或气体介质，使两导轨面脱离接触。动导轨悬浮在压力油或气体之上运动，摩擦力极小。静压导轨有开式和闭式两种。在使用静压导轨时，必须保持油液或空气清洁，并且注意防止机械使用处温度的剧烈变化，以免引起液体静压导轨油液黏度变化和气体静压导轨空气压力变化。静压导轨应有良好的防护措施。

第四节 精密机械的精度设计

精密机械精度设计的基本任务是精度分配和误差补偿。精度分配是根据产品允许的总误差，将其经济、合理地分配到各零部件上，并制定各零部件的公差和技术要求。误差补偿的目的是减小或消除部分误差，从而达到总精度的要求。

一、精度分配的依据和步骤

（一）精度分配的依据

（1）由产品的使用性能要求和有关精度标准确定其精度指标和总技术条件。

（2）产品的工作原理图（含机、电、光、液、气系统图）、机械结构装配图及有关零部件图。它们提供了误差源的总数、各误差源对产品误差的影响程度，以及误差之间相互补偿的可能性等。

（3）产品制造厂的技术水平（含加工、装配、检验等水平），产品使用的环境条件等。

（4）产品的经济性要求。

（5）国家、部门、企业的有关公差技术标准。

（二）精度分配的步骤

（1）明确总精度指标。

（2）在设计产品工作原理和总体方案时，主要考虑理论误差和方案误差。

（3）设计总体布局和机、电、光等系统时，需分别考虑其原理误差。

（4）完成各零部件的结构设计，先找出全部误差源，写出各自的误差表达式，进行总精度计算，然后确定各零部件的公差与技术条件，确定误差补偿方法。

（5）将给定的公差技术条件标注到零件工作图上，编写技术设计说明书。

二、误差分配方法

产品总误差 Δ_s= 总系统误差 Δ_e+ 总随机误差 Δ_Σ

误差性质不同，其分配方法也不同。

（一）总系统误差

一般来说，系统误差的影响较大。如果系统误差仅是某个变量的函数，则可用产品的误差方程表示。例如，测长机、长刻机等的系统误差是长度的函数，在不同长度范围内可用不同的总系统误差表达式。

当 $L<100$ mm 时，有

$$\Delta_e=\pm\left(1+\frac{L}{200}\right)$$

当 $L>100$ mm 时，有

$$\Delta_e=\pm\left(1+\frac{L}{100}\right)$$

产品设计时，一般要求总系统误差小于等于产品允许的总误差的 1/3。

（二）随机误差

总随机误差的分配原则有等作用原则和不等作用原则。

1. 等作用原则

若各零部件误差相等地作用于总随机误差，则每个单项误差 δ_i 为

$$\delta_i=\frac{\Delta_\Sigma}{\sqrt{n+m}}$$

式中：n——各零部件的系统误差源个数；

m——各零部件的随机误差源个数；

Δ_Σ——小于等于产品允许的总误差的 2/3。

2. 不等作用原则

不等作用原则来源于概率论中的不等权测量，即要考虑各项随机误差的作用系数（权）P_{ai}，每个单项误差 δ_i 为

$$\delta_i = \frac{\Delta_\Sigma}{\sqrt{\sum_{i=1}^{m+n} P_{ai}^2}}$$

一般情况下，P_{ai} 值难以确定，通常根据经验来判断误差源的性质。对难以实现的误差项可适当增大，对容易实现的误差项尽可能缩小。

（三）公差调整

按等作用原则分配误差时，由于没有考虑各零部件的实际情况，会造成有的零部件公差偏大，有的零部件公差偏小。

通常在调研制造企业实际工艺水平和使用技术水平的基础上，定出三个方面的公差评定等级，即经济公差极限、生产公差极限和技术公差极限，作为衡量标准。

经济公差极限——在通用设备上，采用最经济的加工方法所能达到的精度。

生产公差极限——在通用设备上，采用特殊工艺装备，不考虑效率因素进行加工所能达到的精度

技术公差极限——对于特殊设备（如高精度机床），在实验室良好的条件下，进行加工和检验时所能达到的精度。

有些企业按机床加工精度等级来区分上述三种公差等级。调整公差时，要确定调整对象。一般先调整系统误差、误差传递系数较大的误差项目和容易调整的误差项目。对于随机误差，大多数要求在经济公差极限内，少数要求在生产公差极限内，个别要求在技术公差极限内。对于极个别的超过技术公差极限的情况，应采取补偿方法。当系统误差的公差等级比随机误差的高，补偿环节少而经济效果显著时，即认为产品是合格的。

通过反复调整仍达不到上述要求的，需考虑更改设计方案。

（四）误差补偿

误差补偿是调整公差的一种有效手段。误差补偿的方法很多，包括工艺补偿方法和设计补偿方法。工艺补偿方法有轴系回转精度的误差抵消、大件导轨精度的综合修刮、坐标定位精度的综合修正等。

在进行精度设计时，采取措施消除误差或减小误差的影响是一种有效的补偿方法。零部件参数对产品精度的影响可以通过误差值和误差传递系数体现，有下列三种设计补偿方法。

1. 误差值补偿

这是直接减小误差的方法，其补偿形式有以下三种：

（1）分级补偿。将补偿件的尺寸分成几级，通过选用不同尺寸级的补偿件，使误差得到阶梯式的减小；也可通过修磨补偿件的尺寸来达到预期的精度要求。

（2）连续补偿。如导轨镶条，可用来连续调整间隙。

（3）自动补偿。采用计算机自动补偿装置，可自动减小或消除某个或一系列系统误差的影响。

2. 误差传递系统补偿

通过函数误差来改变或选择传递系数值，以减小或消除误差。

3. 综合补偿

利用机械、电气和光学等技术手段，使可能产生的误差相互削弱或抵消，或者故意引进新的误差，以减小某些误差的影响。如采用公差相关原则、误差平均效应原理、计算机自动补偿原理等进行误差的综合补偿。

第四章　机电一体化检测系统设计

第一节　检测系统概述

在机电一体化系统中，离不开检测这个重要环节。若没有传感器对原始的各种参数进行精确而可靠的自动检测，那么信号转换、信息处理、正确显示、控制器的最佳控制等，都是无法实现的。

检测系统是机电一体化产品的重要组成部分，用于实现计测功能。在机电一体化产品中，传感器用于检测有关外界环境及自身状态的各种物理量（如力、位移、速度、位置等）及其变化，并将这些信号转换成电信号，然后通过相应的变换、放大、调制与解调、滤波、运算等电路将有用的信号检测出来，反馈给控制装置或进行显示。实现上述功能的传感器及相应的信号检测与处理电路，就构成了机电一体化产品的检测系统。

一、检测系统的组成

机电一体化产品中需要检测的物理量分成电量和非电量两种形式。

非电量检测系统有两个重要环节：

（1）把各种非电量信息转换为电信号。这就是传感器的功能。传感器又称为一次仪表。

（2）对转换后的电信号进行测量，并进行放大、运算、转换、记录、指示、显示等处理。电信号处理系统通常称为二次仪表。机电一体化产品通常是采用计算机为中心的电信号处理系统。

电量检测系统只保留了电信号的处理过程，省略了一次仪表的处理过程。

二、传感器

传感器是以一定的精确度将被测量转换为与之有确定对应关系的、易于精确处理和测量的某种物理量（如电量）的测量部件或装置。通常，传感器将非电量转换成电量输出。传感器的特性（静态特性和动态特性）是其内部参数所表现的外部特征，决定了传感器的性能和精度。

（一）传感器的构成

传感器一般由敏感元件、转换元件和基本转换电路三部分组成。

1. 敏感元件

敏感元件是能够将被测量转换成易于测量的物理量的预变换装置，其输入和输出间具有确定的数学关系（最好为线性）。例如，弹性敏感元件将力转换为位移或应变输出。

2. 转换元件

转换元件将敏感元件输出的非电物理量转换成电信号（如电阻、电感、电容等）。例如，将温度转换成电阻变化，将位移转换为电感或电容等。

3. 基本转换电路

将电信号转换成便于测量的电量，如电压、电流、频率等。

有些传感器只有敏感元件，如热电偶。有些传感器由敏感元件和转换元件组成，无须基本转换电路，如压电式加速度传感器。还有些传感器由敏感元件和基本转换电路组成，如电容式位移传感器。有些传感器，转换元件不止一个，要经过若干次转换才能输出电量。大多数传感器是开环系统，也有个别传感器是带反馈的闭环系统。

（二）传感器的静态特性

被测量的数值处在稳定状态时，传感器的输入 / 输出关系称为传感器的静态特性。描述传感器静态特性的主要指标有：线性度、灵敏度、迟滞、重复性、分辨率和零漂。

1. 线性度

传感器的静态特性是在静态标准条件下，利用一定等级的标准设备，对传感器进行往复循环测试，得到的输入 / 输出特性。通常希望输入 / 输出特性（曲线）为线性，但实际的输入 / 输出特性只能接近线性，与理想曲线有偏差，如图 4–1 所示。实际曲线与理想曲线之间的偏差称为传感器的非线性误差。取其中最大值与输出满度值之比作为评价线性度（或非线性误差）的指标。

$$\gamma_{\mathrm{L}} = \pm\frac{\Delta_{\max}}{y_{\mathrm{FS}}}\times 100\%$$

式中：γ_{L}——线性度（非线性误差）；

$\Delta_{\max}$——最大非线性绝对误差；

y_{FS}——输出满度值。

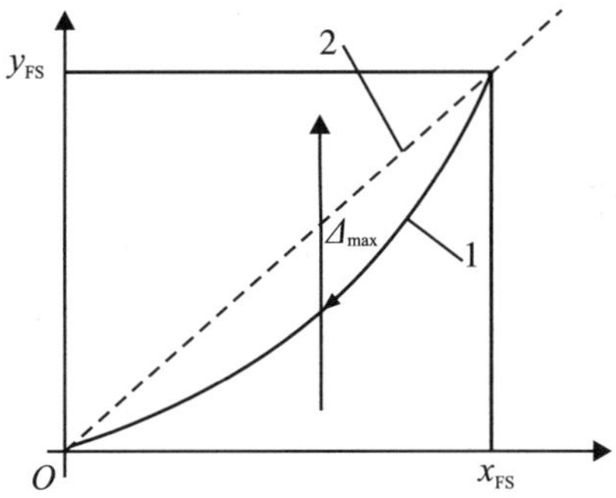

1—实际曲线；2—理想曲线

图 4–1　传感器线性度示意图

2. 灵敏度

在静态标准条件下，传感器输出变化对输入变化的比值称为灵敏度，用 S_0 表示，即

$$S_0 = \frac{\text{输出量的变化量}}{\text{输入量的变化量}} = \frac{\Delta y}{\Delta x}$$

对于线性传感器来说，灵敏度 S_0 是个常数。

3. 迟滞

传感器在正（输入量增大）、反（输入量减小）行程中输出 / 输入特性曲线的不重合程度称迟滞。迟滞误差一般以满量程输出 y_{FS} 的百分数表示，即

$$\gamma_H = \frac{\Delta H_m}{y_{FS}} \times 100\%$$

或

$$\gamma_H = \pm \frac{1}{2}\frac{\Delta H_m}{y_{FS}} \times 100\%$$

式中：ΔH_m——输出值在正、反行程间的最大差值。

迟滞特性一般由实验方法确定，如图 4–2 所示。

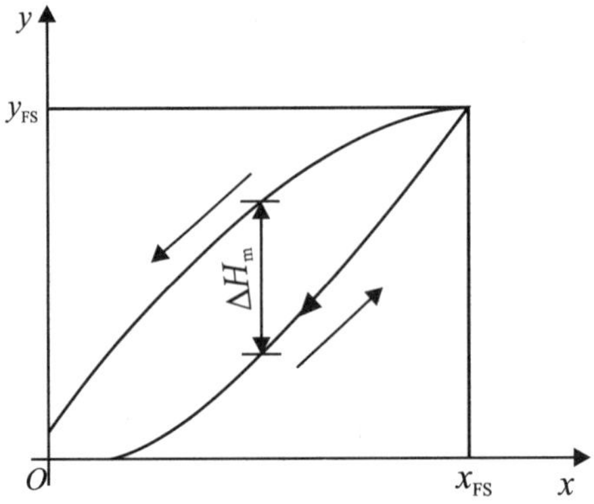

图 4–2 迟滞特性

4. 重复性

传感器在同一条件下，被测量按同一方向作全量程连续多次重复测量时，所得输入 / 输出曲线的不一致程度，称为重复性。重复性误差用满量程输出的 y_{FS} 百分数表示，即

$$\gamma_R = \pm \frac{\Delta R_m}{y_{FS}} \times 100\%$$

式中：ΔR_m——输出最大重复性误差。

重复性也用实验方法确定，常用绝对误差表示，如图 4-3 表示。

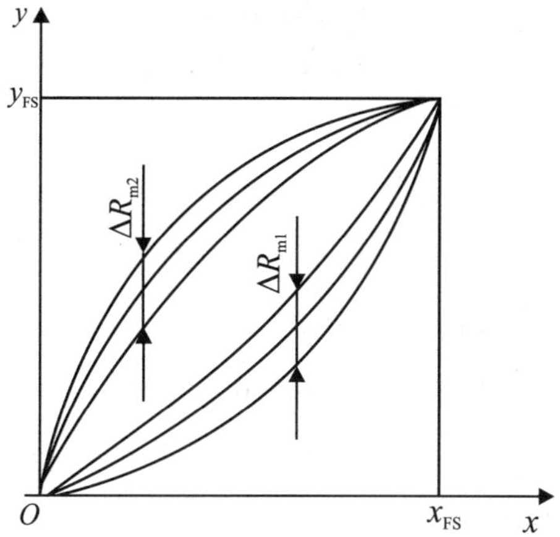

图 4-3　重复性

5. 分辨率

传感器能检测到的最小输入增量称为分辨力，在输入零点附近的分辨力称为阈值。分辨力与满度输入比的百分数表示称为分辨率。

6. 漂移

由于传感器内部因素或外界干扰，传感器的输出变化称为漂移。输入为零时的漂移称为零点漂移，简称零漂。在其他因素不变的情况下，输出随着时间变化产生的漂移称为时间漂移，随着温度变化产生的漂移称为温度漂移。

7. 精度

精度表示测量结果与真值的靠近程度。精度一般通过校验或标定的方法来确定，“真值”则靠其他更精确的仪器确定。国家标准中规定了传感器和测试仪表的精度等级，如电工仪表精度分 7 级，分别是 0.1、0.2、0.5、1.0、1.5、2.5、5 级。精度等级的确定方法是：算出绝对误差与输出满度量程之比的百分数，与其靠近的比其低的国家标准等级值，即为该仪器的精度等级。

（三）传感器的动态特性

传感器的动态特性是指测量动态信号时，输出对输入的响应特性。测量静态信号时，由于被测量不随时间变化，测量和记录过程不受时间限制，而实际中大量的被测量是随时间变化的动态信号，传感器的输出不仅需要精确地显示被测量的大小，还要显示被测量随时间变化的规律，即被测量的波形。

动态特性好的传感器，其输出量随时间的变化规律将再现输入量随时间的变化规律，即它们具有同一个时间函数。除了理想情况外，实际传感器的输出量与输入量不会具有相同的时间函数，由此引起动态误差。

动态特性参数一般用阶跃信号输入状态下的输出特性和不同频率信号输入状态下的幅值变化和相位变化表达。

（四）传感器的分类

机电一体化产品主要以微型计算机作为信息处理机和控制器，传感器获取的有关外界环境及自身状态变化的信息，一般反馈给计算机进行处理或实施控制。将传感器按输出信号的性质分类，可以分为开关型、模拟型和数字型。

开关型传感器只输出“1”和“0”或开（ON）和关（OFF）两个值。如果传感器的输入物理量达到某个值以上，其输出为“1”（ON 状态），在该值以下时输出为“0”（OFF 状态），其临界值就是开、关的设定值。这种信号可直接送入微型计算机进行处理。

模拟型传感器的输出是与输入物理量变化相对应的连续变化的电量。传感器的输入 / 输出关系可能是线性的，也可能是非线性的。线性输出信号可直接采用，非线性输出信号则需进行线性化处理。这些线性信号一般需进行模拟 / 数字转换（A/D），将其转换成数字信号后再送给微型计算机处理。

数字型传感器有计数型和代码型两大类。计数型传感器又称脉冲计数型传感器，它可以是任何一种脉冲发生器，所发出的脉冲数与输入量成正比，加上计数器就可以对输入量进行计数。计数型传感器可用来检测通过输送带的产品个数，也可用来检测执行机构的位移量，这时执行机构每移动一定距离或转动一定角度就会发出一个脉冲信号，如光栅检测器和增量式光电编码器。代码型传感器即绝对值式编码器，它输出的信号是二进制数字代码，每一个代码相当于一个输入量之值。代码的“1”为高电平，“0”为低电平，高低电平可用光电元件或机械式接触元件输出，通常被用来检测执行元件的位置或速度，如绝对值型光电编码器、接触型编码器等。

（五）传感器的发展方向

传感器位于检测系统的入口，是获取信息的第一个环节，它的精度、可靠性、稳定性、抗干扰性等直接关系到机电一体化产品的整机性能。传感器的研究与开发越来越受到人们的重视，传感器的性能不断提高，传感器的发展方向主要表现在以下几个方面：

1. 新型传感器的开发

传感器是基于各种效应和定律工作的，由此启发人们进一步发现新现象、采用新原理、开发新材料、采用新工艺，以此研制出新型传感器．这是发展高性能、多功能、低成本和小型化传感器的重要途径。

2. 传感器的集成化

随着微电子学、微细加工技术和集成化工艺等的发展，出现了多种集成化传感器：或是同一功能的多个敏感元件排列成线型、面型的阵列型传感器；或是多种不同功能的敏感元件集成为一体，成为可同时进行多种参数测量的传感器；或是传感器与放大、运算、温度补偿等电路集成为一体，实现横向和纵向的多功能。

3. 传感器的智能化

将传感器与计算机相结合，使其不仅具有信号检测、转换等功能，还具有记忆、存储、解析、统计处理、自诊断、自校准、自适应等功能，如进一步将这些功能集成于同一芯片上，就成为智能传感器。

三、信号传输与处理电路

传感器的输出信号一般比较微弱，有时还夹杂着其他信号，在传输过程中，需要依据传感器输出信号的具体特征和后端系统的要求，对传感器输出信号进行各种形式的处理，如阻抗变换、电平转换、屏蔽隔离、放大、滤波、调制、解调、A/D 和 D/A 转换等，同时还要考虑在传输过程中可能受到的干扰，如噪声、温度、湿度、磁场等，采取一定的措施。传感器信号处理电路要依据被测对象的特点和环境条件来选择。

选择传感器信号处理电路所要考虑的主要问题如下：

（1）传感器输出信号的形式，是模拟信号还是数字信号，是电压还是电流。

（2）传感器输出电路的形式，是单端输出还是差动输出。

（3）传感器电路的输出能力，输出电压还是功率，输出阻抗大小。

（4）传感器的特性，如线性度、信噪比、分辨率等。

由于电子技术的发展和微加工技术的应用，现在的许多传感器中已经配置了部分处理电路（或配置了专用处理电路），大大简化了设计和维修人员的技术难度。例如：反射式光电开关传感器中集成了逻辑控制电路；压力传感器的输出连接专用接口处理电路后可以直接将信号输送给 A/D 转换器；光电编码传感器的输出是 5 V 的脉冲信号，可以直接传送给计算机。

第二节　常用的传感器和信号输出类型

传感器在机电一体化系统中是不可缺少的部分，它是整个系统的感觉器官，监视着整个系统的工作过程。在闭环伺服系统中，传感器用作反馈元件，其性能直接影响工作机械的运动性能、控制精度和智能水平，因而要求传感器灵敏度高、动态特性好，特别要求其性能稳定可靠、抗干扰能力强，且能适应不同的环境。目前市场上出售的传感器类型很多，在机电一体化系统中常用的有位移传感器、速度传感器、位置传感器、压力传感器、红外传感器和声音传感器等。

一、位移传感器

位移传感器是一种非常重要的传感器，它直接影响着数控系统的控制精度。位移可以分为直线位移和角位移两种，因此位移传感器也有两种形式：直线位移传感器和角位移传感器。直线位移传感器主要有电感传感器、差动变压器传感器、电容传感器、感应同步器和光栅等。角位移传感器主要有电容传感器、旋转变压器和光电编码盘等。

（一）电感传感器

电感传感器是一种把微小位移变化量转变为电感变化量的位移传感器，它具有结构简单、精度高、性能稳定、工作可靠等优点，在主动测量仪和其他自动检测系统中得到了广泛的应用。

对于一个 N 匝并带有磁芯的线圈（见图 4–4），其电感量 L 为

$$L=\frac{N^2A}{\delta}\mu_0$$

式中：δ——两个导磁磁芯之间的气隙厚度；

A——磁芯截面积；

μ_0——空气磁导率，其值为 $4\pi\times10^{-7}$ H/m。

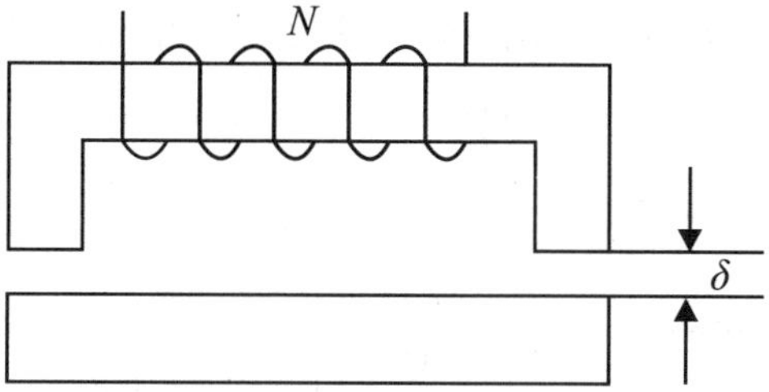

图 4–4　线圈

可根据气隙厚度变化引起电感变化的原理构成气隙型传感器，也可根据截面积变化引起电感变化的原理构成截面型传感器和磁芯型传感器。

磁芯型传感器的原理如图 4–5 所示。线圈 1 和 2 对称放置，连成差动形式，其目的主要是提高灵敏度和线性度，增强抗干扰能力。

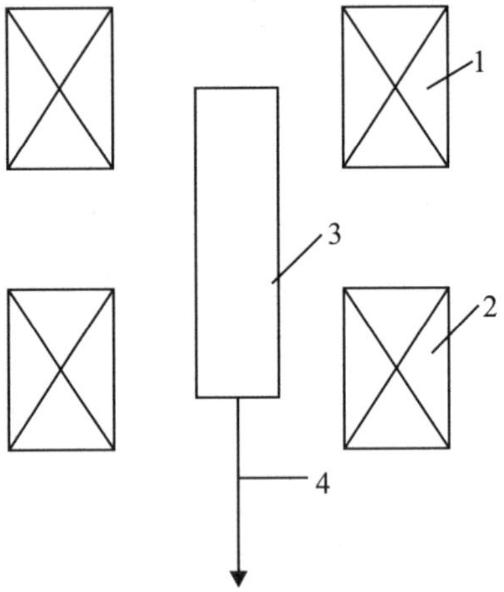

1、2—线圈；3—磁芯；4—测杆

图 4–5　磁芯型传感器原理图

由图 4–5 可以看出，当磁芯由测杆带动在由线圈 1 和 2 组成的管中上下移动时，必然使线圈 1 和 2 的电感量发生变化。当线圈 1 中的电感量增加时，线圈 2 中的电感量减少；反之亦然。为了把这种变化量反映出来，一般采用如图 4–6 所示的桥式电路。

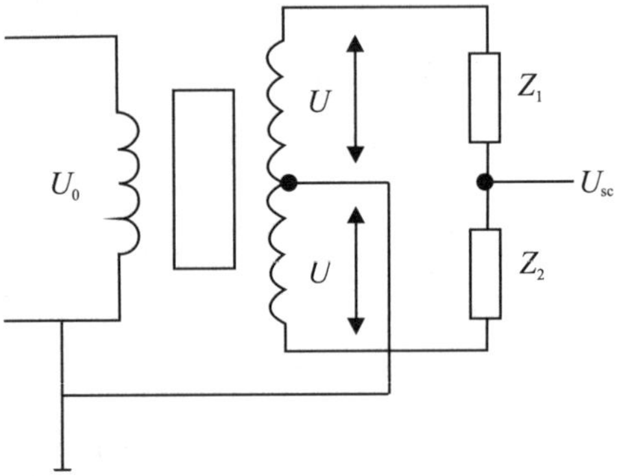

图 4–6　桥式电路

电桥的 4 个臂由传感器的 2 个线圈（阻抗为 Z_1 和 Z_2）及变压器的 2 个线圈（将次级线圈一分为二）所构成。电桥的输入信号为 U_0。假定次级输出电压为 $2U$，则在忽略变压器输出阻抗的情况下，桥路电流为

$$I = \frac{2U}{Z_1 + Z_2}$$

输出电压为

$$U_{sc} = U - IZ_1 = U - \frac{2UZ_1}{Z_1 + Z_2} = \frac{Z_2 - Z_1}{Z_2 + Z_1} U$$

当磁芯处于中间位置，即 $Z_1 = Z_2$ 时，$U_{sc}=0$，桥路平衡，无输出。当铁芯向下移动时，下面线圈的阻抗增高，$Z_2 = Z+\Delta Z$，上面线圈的阻抗减少，$Z_1 = Z-\Delta Z$，代入上式后便可得

$$U_{sc} = \frac{\Delta Z}{Z} U$$

反之，当铁芯向上移动同样距离时，则 $Z_1 = Z+\Delta Z$，$Z_2 = Z-\Delta Z$，有

$$U_{sc} = \frac{-\Delta Z}{Z} U$$

输出电压 U_{sc} 幅值相等，方向相反。由于 U 是一个幅值变化的交流信号，因此需要解调。

如果采用无相位鉴别的整流器进行解调，则输出电压与位移的关系曲线如图 4–7 所示。图中残余电压是由两线圈中损耗电阻的不平衡而引起的。因为损耗电阻与激励信号的频率有关，当激励电压中包含高次谐波时，往往输出端的残余电压会增大。

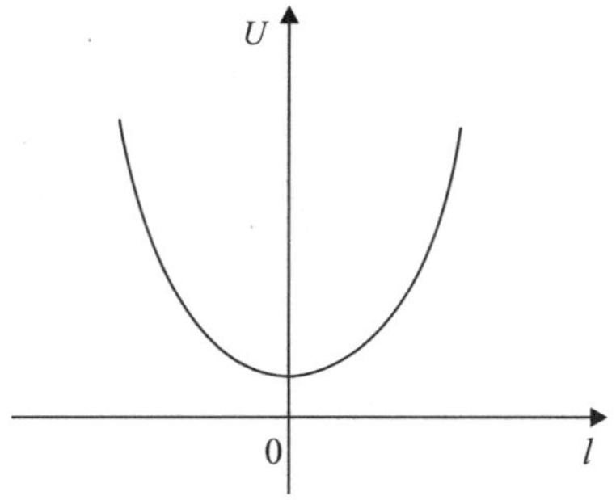

图 4–7　电压 – 位移关系曲线（无相位鉴别）

用这种方法对于正负位移得到的是同极性的输出电压，因此不能辨别方向。为了克服上述缺点，一般使用能反映极性的相敏整流法，它的输出特性曲线如图 4–8 所示。

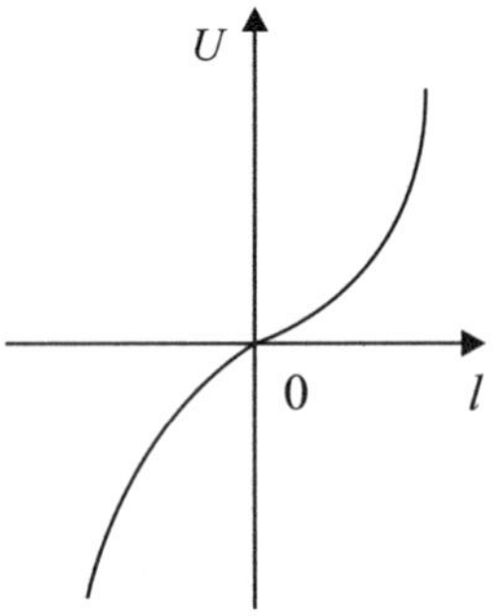

图 4–8　电压 – 位移关系曲线（相敏整流法）

（二）差动变压器式传感器

电感传感器是把位移量的变化转变为线圈电感量的变化，而差动变压器式传感器则是把位移量的变化转变为两个线圈之间的互感变化。

图 4–9 所示为三段型差动变压器式传感器的原理图。线圈分为初级线圈和次级线圈，线圈中心插入圆柱形铁芯。当初级线圈中加入交流电压 U_0 时，线圈中有交流电流 i_1 流过，产生磁通 Φ_{12}，通过线圈 2，在线圈 2 中产生感应电势 E_2。另一部分磁通 Φ_{13} 则通过线圈 3，并在其中产生感应电势 E_3。

$$E_2 =-\frac{\mathrm{d}\Phi_{12}}{\mathrm{d}t}$$

$$E_3 =-\frac{\mathrm{d}\Phi_{13}}{\mathrm{d}t}$$

假定 M_{12} 和 M_{13} 分别为初级线圈 1 对次级线圈 2 和次级线圈 3 的互感系数，根据定义有

$$M_{12} =-\frac{\Phi_{12}}{i_1}$$

$$M_{13} =-\frac{\Phi_{13}}{i_1}$$

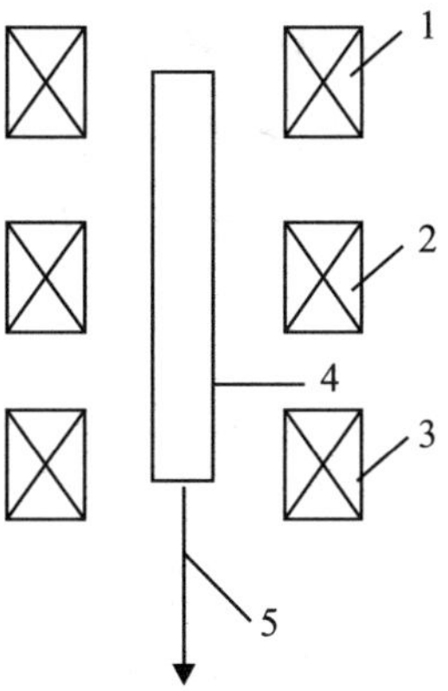

1—初级线圈；2、3 一次级线圈；4—铁芯；5—测杆

图 4-9　三段型差动变压器式传感器原理图

通常，传感器的 2 个次级线圈是串联的，如图 4-10 中的虚线框所示。

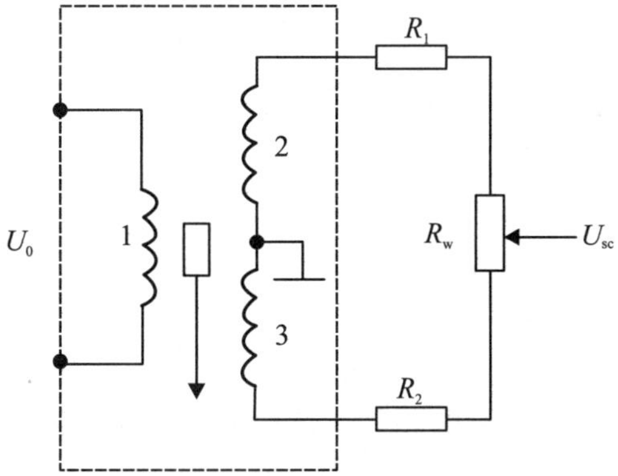

图 4-10　串联线圈

整个电路为桥式，其输出电压为

$$U_{sc}=U_0-\frac{U_0+E_2}{R_1+R_w+R_2}\left(R_1+R_{w1}\right)=\frac{\left(R_2+R_{w2}\right)U_0-\left(R_1+R_{w1}\right)E_2}{R_1+R_w+R_2}$$

当 $R_2+R_{w2}=R_1+R_{w1}$ 时，则

$$U_{sc}=\frac{1}{2}\left(U_0-E_2\right)=\frac{1}{2}\left(M_{13}-M_{12}\right)\frac{\mathrm{d}i}{\mathrm{d}t}$$

显然，当铁芯在中间位置时，$M_{12}=M_{13}$，$U_{sc}=0$；当铁芯向上移动时，$M_{12}>M_{13}$，$U_0>E_2$，$U_{sc}\neq 0$；反之，$U_0<E_2$，$U_{sc}\neq 0$。U_{sc} 随铁芯偏离中点的距离增大而增大，它是一个调幅正弦信号，可以用与电感传感器相同的方法来处理。

（三）电容传感器

电容传感器是将被测非电量的变化转换为电容量变化的一种传感器。这种传感器结构简单，分辨力高，可实现非接触测量，并能在高温、辐射和强烈振动等恶劣条件下工作，因此在自动检测中得到了普遍应用。

电容是由两个金属电极和中间的一层电解质构成的，当两极板间加上电压时，电极上就会储存电荷，所以电容器实际上是一个储存电场能的元件。平板式电容器在忽略边缘效应时，其电容量可表示为

$$C=\frac{\varepsilon_0\varepsilon_r A}{\delta}$$

式中：ε_0——真空介电常数，8.85×10^{-12} F/m；

ε_r——极板间介质的相对介电常数；

A—极板的有效面积（mm^2）；

δ——两极板间的距离（mm）。

从上式可知，当 δ、A、ε_r 三个变量中的任意一个发生变化时，都会引起电容量的变化，通过测量电路就可转换为电量输出。根据上述工作原理，电容传感器可分为变极距型、变面积型和变介质型。

（四）感应同步器

感应同步器是一种应用电磁感应原理工作的高精度检测元件，它有直线感应同步器和圆盘式感应同步器两种，分别用来检测直线位移和角位移。

直线感应同步器由定尺和滑尺两部分组成。定尺较长（200 mm 以上，可根据测量行程的长度选择不同规格），上面刻有节距均匀的绕组。滑尺表面刻有 2 个绕组，即正弦绕组和余弦绕组，如图 4-11 所示。当余弦绕组与定子绕组相位相同时，正弦绕组与定子绕组错开 1/4 节距（W）。滑尺在通有电流的定尺表面相对运动，产生感应电势。

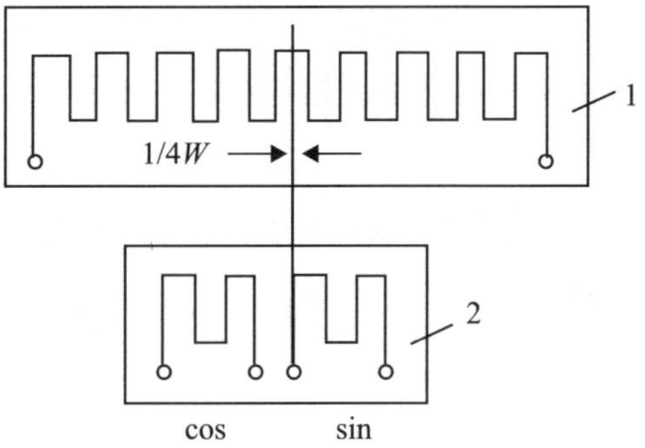

1—定尺；2—滑尺

图 4–11　直线感应同步器

圆盘式感应同步器的转子相当于直线感应同步器的滑尺，定子相当于定尺。

感应同步器根据其激磁绕组供电电压形式不同，分为鉴相测量方式和鉴幅测量方式。

（五）光栅

光栅是一种新型的位移检测元件，具有测量精度高（可达 ±1 μm）、响应速度快、量程范围大等特点。光栅由主光栅、指示光栅、光源和光电器件 4 部分组成。主光栅和指示光栅的光刻密度相同，但体长相差较大。光栅条纹密度一般可为 25 条 /mm、50 条 /mm、100 条 /mm、250 条 /mm 等。

把指示光栅平行地放在主光栅侧面，并使它们的刻线相互倾斜一个很小的角度，这时在指示光栅上就会出现几条较粗的明暗条纹，称为莫尔条纹。它们沿着与光栅条纹几乎垂直的方向排列。主光栅和被测物体相连，随被测物体的直线位移而产生移动。当主光栅产生位移时，莫尔条纹随之产生上下位移。用光电器件记录莫尔条纹通过某点的数目，便可知主光栅移动的距离，也就测得了被测物体的位移量。

二、速度、加速度传感器

（一）直流测速机

直流测速机是一种测速元件，它实际上是一台微型的直流发电机。根据定子磁极激磁方式的不同，直流测速机可分为电磁式和永磁式两种。根据电枢结构的不同，直流测速机可分为无槽电枢、有槽电枢、空心杯电枢和圆盘电枢等类型。

图 4–12 所示为永磁式测速机原理图。恒定磁通由定子产生，当转子在磁场中旋转时，电枢绕组中产生交变的电势，经换向器和电刷转换成与转子速度成正比的直流电势。

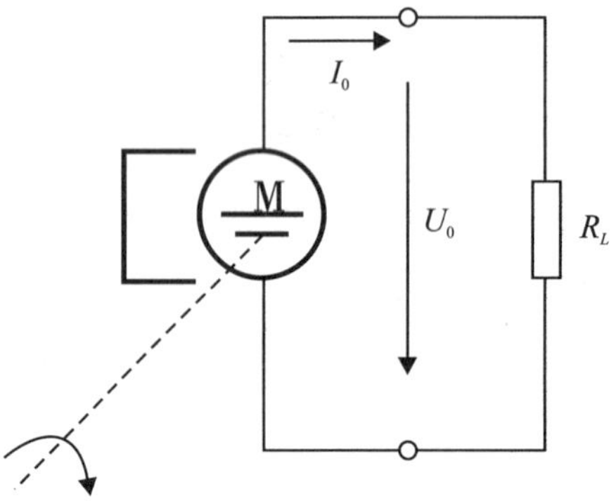

图 4–12　永磁式测速机原理图

直流测速机的输出特性曲线如图 4–13 所示。从图中可以看出，当负载电阻 $R_L \to \infty$ 时，其输出电压 U_0 与转速 n 成正比。随着负载电阻 R_L 变小，输出电压下降，输出电压与转速之间并不能严格保持线性关系。对于精度要求比较高的直流测速机，负载电阻 R_L 应尽量大。

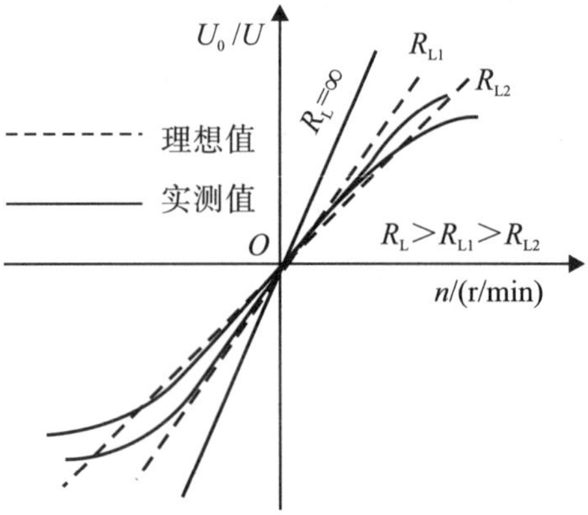

图 4–13　直流测速机的输出特性曲线

直流测速机在机电一体化系统中，主要用作测速和校正元件。在使用时，为了提高检测灵敏度，尽可能把它直接连接到电动机轴上。有的电动机本身就已安装了测速机。

（二）光电式转速传感器

光电式转速传感器是一种角位移传感器，由装在被测轴（或与被测轴相连接的输入轴）上的带缝隙圆盘、光源、光电器件、指示缝隙盘等组成，如图 4–14 所示。光源发出的光通过带缝隙圆盘和指示缝隙盘照射到光电器件上。当带缝隙圆盘随被测轴转动时，由于圆盘上的缝隙间距与指示缝隙盘的间距相同，圆盘每转一周，光电器件就输出与圆盘缝隙数相等的电脉冲，测量单位时间内的脉冲数 N，则可测出转速。

$$n=\frac{60N}{Zt}$$

式中：Z——圆盘上的缝隙数；

n——转速（r/min）；

t——测量时间（s）。

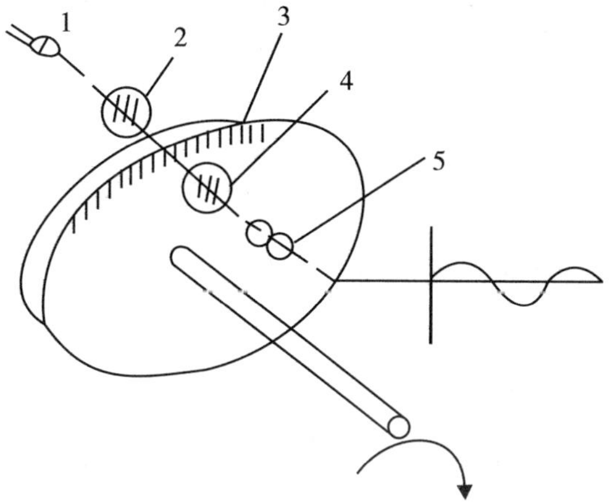

1—光源；2—透镜；3—带缝隙圆盘；4—指示缝隙盘；5—光电器件

图 4–14　光电式转速传感器

一般取 $Z=60\times10m$（m=0，1，2，⋯），利用两组缝隙间距 W 相同，

位置相差$\left(\frac{i}{2}+\frac{1}{4}\right)W$（$i$=0，1，2，…）的指示缝隙和两个光电器件，可辨别出圆盘的旋转方向。

（三）压电式传感器

1. 压电效应及压电材料

当某些材料沿某一方向施加压力或拉力时，会产生变形，并在材料的某一相对表面产生符号相反的电荷；当去掉外力后，材料又重新回到不带电荷的状态。这种现象称为压电效应，具有压电效应的材料称为压电材料。当给压电材料的某一方向施加电场时，压电材料会产生相应的变形，这是压电材料的逆压电效应。

常见的压电材料有单晶体结构的石英晶体和多晶体结构的人造压电陶瓷等。压电材料的压电效应具有方向性，如石英晶体（SiO_2）的分子及原子排列结构，使得石英晶体的压电方向是天然确定的。图 4-15 所示为晶体切片在 x 方向和 y 方向上受压力和拉力时产生电荷的情况。

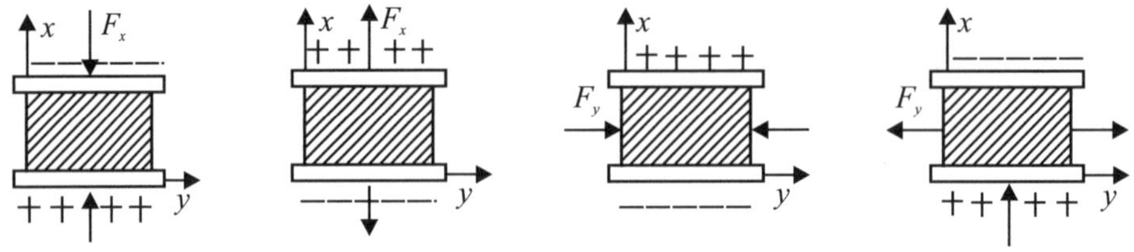

图 4-15　晶体切片受力时产生电荷的方向

实际上，压电材料的压电特性只和变形有关，施加外力是产生变形的手段。石英晶体产生压电效应的方向只有 x 轴方向，其他方向不会产生电荷。

2. 压电式传感器的结构及特性

压电式传感器以电荷或两极间的电势作为输出信号。测试静态信号时，由于任何阻抗的电路都会产生电荷泄漏，测量电势的方法误差很大，只能采用测量电荷的方法。当给压电式传感器施加交变的外力时，传感器会输出交变的电动势，信号处理电路相对简单，因此压电式传感器适合测试动态信号，且频率越高越好。

压电式传感器一般由两片或多片压电晶体粘合而成。压电晶片有电荷极性，因此接法上分为并联和串联两种（见图 4–16）。并联接法虽然输出电荷大，但由于其本身电容也大，故时间常数大，可以测量变化较慢的信号，并以电荷作为输出参数。串联接法输出电压高，本身电容小，适用于以电压输出的信号和测量电路输出阻抗很高的情况。

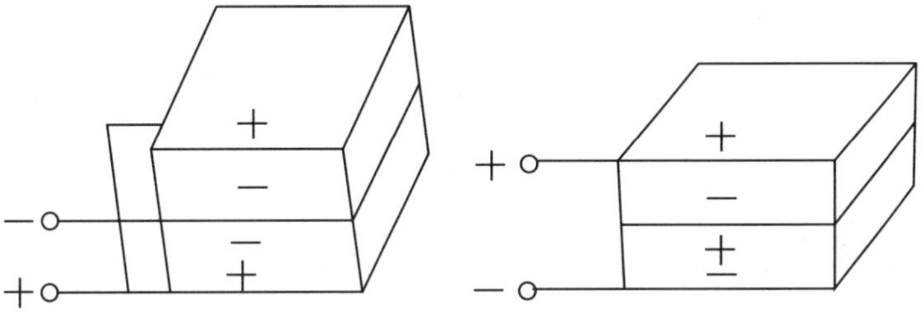

（a）并联接法　　（b）串联接法

图 4–16　压电式传感器的结构

由于压电式传感器输出的信号较弱，且以电荷为表现形式，因此测量电路必须进行信号放大。当采用测量电势的方法时，测量电路要配置高阻抗的前置电压放大器和一般放大器。高阻抗的前置电压放大器的作用是减缓电流的泄漏速度，一般放大器的作用是将高阻抗输出变为低阻抗输出。目前，压电式传感器的应用相当普遍，且生产厂家都专门配备了传感器处理电路。

3. 压电式传感器的应用

压电式加速度传感器的结构如图 4–17 所示。当加速运动时，质量块 1 产生的惯性力加载在压电材料切片 2 上，电荷（或电势）输出端输出压电信号。该压电传感器由两片压电材料切片组成，下面一片的输出引线通过壳体与电极平面相连。

使用时，传感器固定在被测物体上，感受物体的振动，惯性质量块产生惯性力，使压电元件产生变形。压电元件产生的变形和由此产生的电荷与加速度成正比。压电式加速度传感器可以做得很小，质量很小，故对被测物体的影响小。压电式加速度传感器的频率范围广、动态测量范围宽、灵敏度高，应用较为广泛。

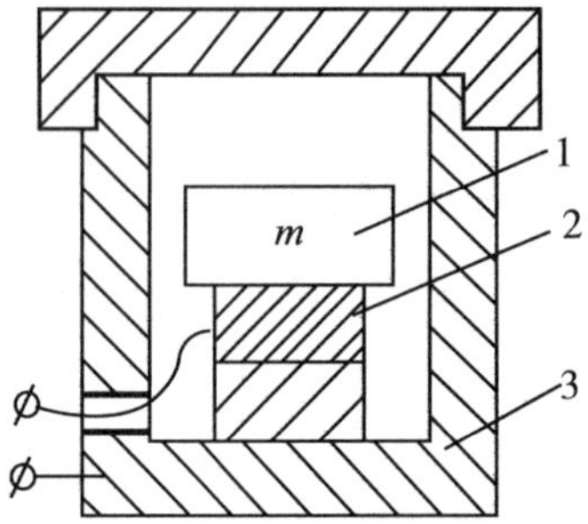

1—质量块；2—压电材料切片；3—固定外壳

图 4-17　压电式加速度传感器结构

三、位置传感器

位置传感器的任务是通过检测，判断检测量是否已到达某一位置。所以，位置传感器不需要产生连续变化的模拟量，只需产生能反映某种状态的开关量即可。这种传感器常被用在机床上，以进行刀具、工件或工作台的到位检测或行程限制。位置传感器分接触式和接近式两种。接触式位置传感器是能获取两个物体是否已接触的信息的传感器；接近式位置传感器是用来判别某一范围内是否有某一物体的传感器。

（一）接触式位置传感器

1. 由微动开关制成的位置传感器

由微动开关制成的位置传感器有如图 4-18 所示的几种构造和分布形式。

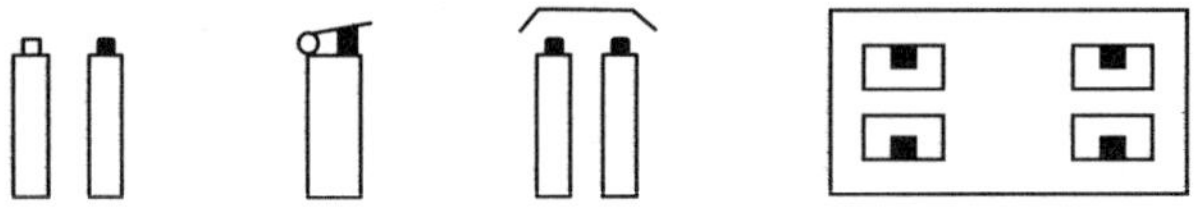

图 4-18 由微动开关制成的位置传感器

2. 二维矩阵式配置的位置传感器

如图 4-19 所示，二维矩阵式配置的位置传感器一般用于机器人手掌内侧，在手掌内侧常安装了多个二维触觉传感器，用以检测自身与某一物体的接触位置、被握物体的中心位置和倾斜度，甚至还可识别物体的大小和形状。

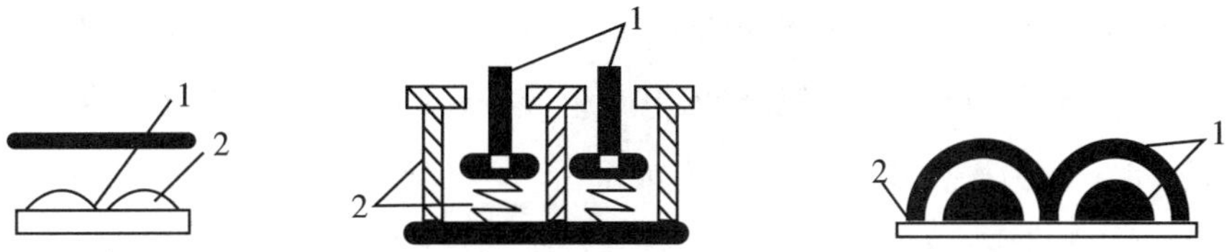

1—柔软电极；2—柔软绝缘体

图 4–19　二维矩阵式配置的位置传感器

（二）接近式位置传感器

接近式位置传感器分为电磁式、光电式、静电容式、气压式、超声波式等。

电磁式位置传感器的工作原理：当一个永久磁铁或一个通有高频电流的线圈接近一个铁磁体时，它们的磁力线分布将发生变化，因此可以用另一组线圈检测这种变化。当铁磁体靠近或远离磁场时，它所引起的磁通量变化将在线圈中感应出一个电流脉冲，其幅值正比于磁通的变化率。

图 4–20 所示为线圈两端的电压随铁磁体进入磁场的速度而变化的曲线，其电压极性取决于物体是进入磁场还是离开磁场。对此电压进行积分便可得出一个二值信号。当积分值小于某一特定的阈值时，积分器输出为低电平；反之，输出高电平，此时表示已接近某一物体。

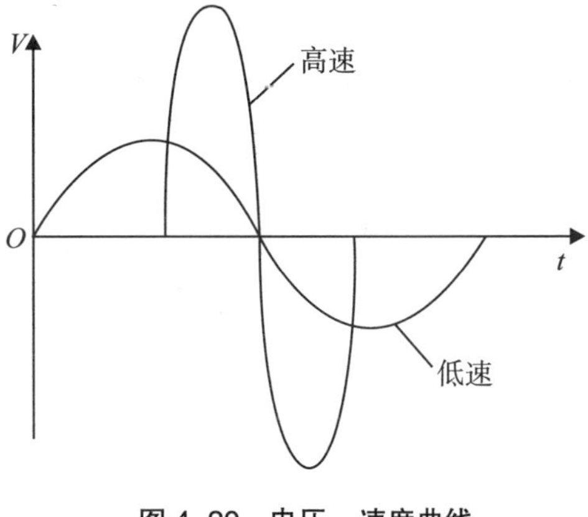

图 4–20　电压 – 速度曲线

电磁式传感器只能检测电磁材料，对非电磁材料则无能为力。电容式传感器能克服以上缺点，几乎能检测所有的固体和液体材料。电容式接近传感器是一个以电极为检测端的静电电容式接近开关，它由高频振荡电路、检波电路、放大电路、整形电路及输出电路组成。检测电极与大地之间存在一定的电容量，成为振荡电路的一个组成部分。当被检测物体接近检测电极时，由于检测电极加有电压，检测物体就会受到静电感应而产生极化现象。被测物体越靠近检测电极，检测电极上的电荷越多。由于检测电极的静电电容 $C = q / U$，电荷增多，电容 C 随之增大，从而使振荡电路的振荡减弱，甚至停止振荡。振荡电路的振荡与停振两种状态被检测电路转换为开关信号后向外输出，由此即可判断被检测物体的相对位置。

第三节　检测信号处理技术

一、模拟信号的处理

（一）运算放大器

一般来说，模拟式传感器输出的信号往往比较微弱，其中还包含工频、静电和电磁耦合等共模干扰。为了提高检测精度，需要对这种信号进行放大处理。运算放大器目前已经广泛应用于机电一体化系统中。如图 4–21 所示，运算放大器通过电阻组合就可以实现放大和运算。

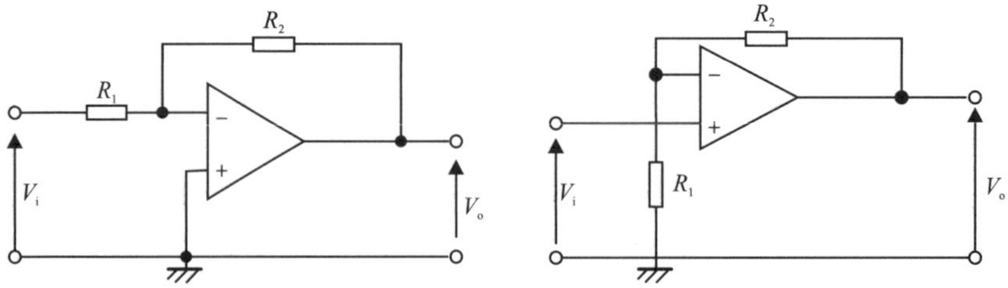

（a） 反相放大电路　　（b）正相放大电路

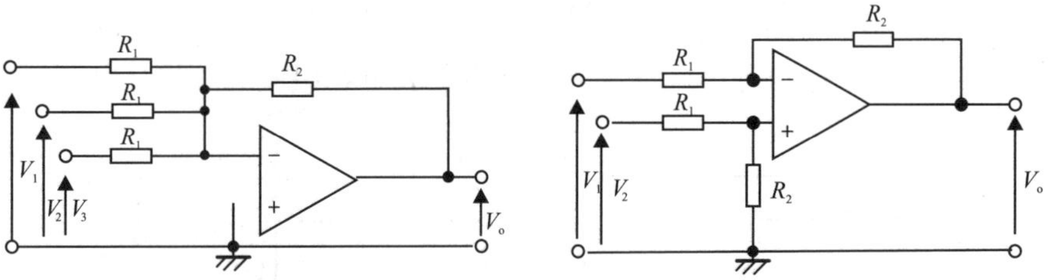

（c）加法运算电路　　（d）减法运算电路

图 4–21　运算放大器

图 4–21（a）所示的电路中，由于运算放大器的输入 / 输出端子之间的电位差为 0（虚短路），通过 R_1 的电流为 $I=V_1 / R_1$。又由于运算放大器的输入阻抗很大，通过 R_2 的电流与通过 R_1 的电流 I 相等。因此输出电压 V_o 与输入电压 V_i 比值（闭环电压放大倍数）为

$$\frac{V_o}{V_i}=-\frac{R_2}{R_1}$$

可以看出，该电路构成了放大倍数为 $-\frac{R_2}{R_1}$ 的放大电路。由于该电路的放大倍数为负值，故称为反相放大电路。

图 4–21（b）所示的电路中 V_o 与 V_i 的比值为

$$\frac{V_o}{V_i}=1+\frac{R_2}{R_1}$$

其电压放大倍数为 $1+\frac{R_2}{R_1}$，故称为正相放大电路。

图 4–21（c）所示的电路中输出电压为

$$V_o=-\frac{R_2}{R_1}\left(V_1+V_2+V_3\right)$$

因为输出电压与输入电压之和成正比，所以称为加法运算电路。

图 4–21（d）所示的电路中输出电压为

$$V_o=\frac{R_2}{R_1}\left(V_2-V_1\right)$$

因为输出电压与输入电压之差成正比，所以称为减法运算电路。

图 4–22 所示电路为由运算放大器、电阻和电容组成的微积分电路。

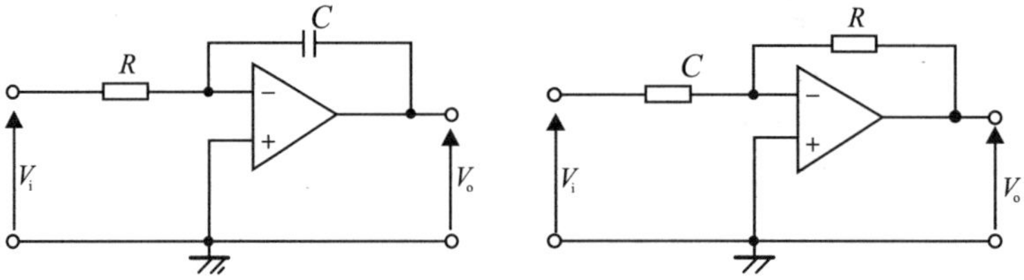

（a）积分运算电路　　（b）微分运算电路

图 4–22　采用运算放大器的微积分电路

图 4–22（a）所示的积分运算电路中，输出电压为

$$V_o = -\frac{1}{RC}\int V_i \mathrm{d}t$$

输出电压与输入电压的积分值成正比。

图 4–22（b）所示的微分运算电路中，输出电压为

$$V_o = -RC\frac{\mathrm{d}V_i}{\mathrm{d}t}$$

输出电压与输入电压的微分值成正比。

（二）模拟滤波

由于传感器工作环境中的强电和电磁干扰，以及传感器和放大电路本身的影响，被测信号中往往夹杂着多种频率成分的噪声，因此在机电一体化系统中，通常需要采用滤波措施，以抑制噪声，提高系统的信噪比。模拟滤波器的作用是按频率把信号分离出来，提取有用的频率信号，使一定频率范围内的信号可以通过，而此频率范围以外的信号不能通过。可以通过的频率范围为通带，不能通过的频率范围为阻带。

模拟滤波器按通过频率范围，可分为低通滤波器、高通滤波器、带通滤波器和带阻滤波器。根据构成滤波器的电路性质，可分为有源滤波器和无源滤波器。

实际滤波器的特性需要通过一些参数指标来确定。图 4–23 所示为理想滤波器（虚线）和实际带通滤波器（实线）的幅频特性。

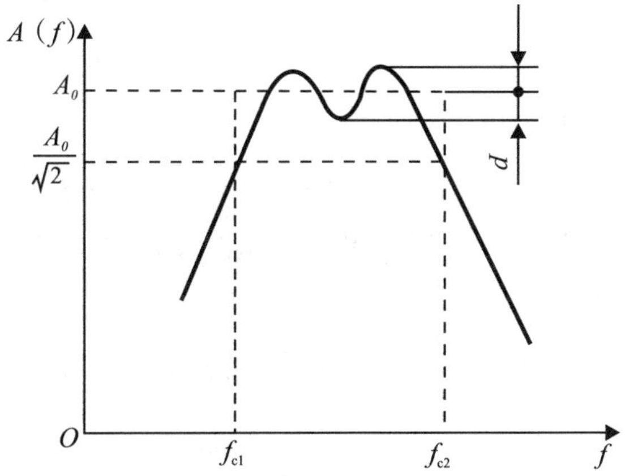

图 4–23　理想滤波器和实际带通滤波器的幅频特性

对于理想滤波器，其特征参数为截止频率，截止频率之间的幅频特性为常数 A_0，截止频率以外的幅频特性为零。对于实际滤波器，其特性曲线没有明显的转折点，通带中的幅频特性也不是常数，一般用以下特性参数来描述实际滤波器的性能。

1. 截止频率

幅频特性值等于 $A_0/\sqrt{2}$ 所对应的频率称为滤波器的截止频率。若以 A_0 为参考值，则 $A_0/\sqrt{2}$ 对应于 –3 dB 点，即相对于 A_0 衰减 –3 dB。

2. 带宽 *B*

通频带的宽度称为带宽 B，为上、下两截止频率之间的频率范围，即 $B=f_{c2}-f_{c1}$。带宽决定着滤波器分离信号中相邻频率成分的能力，即频率分辨力。

3. 品质因数 *Q*

Q 定义为带通或带阻滤波器的中心频率 f_0 与带宽 B 之比，即

$$Q=\frac{f_0}{B}=\frac{\sqrt{f_{c1}\cdot f_{c2}}}{B}$$

品质因数 Q 的大小反映了滤波器频率选择能力的高低。

4. 纹波幅度 d

实际滤波器在通频带内可能出现纹波变化，其波动幅度 d 与幅频特性的稳定值 A_0 相比越小越好，一般应远小于 –3 dB 点的衰减量，即 $d \ll A_0/\sqrt{2}$。

5. 倍频程选择性

倍频程选择性是指上截止频率 f_{c2} 和 $2f_{c2}$ 之间，或下截止频率 f_{c1} 与 $1/2\,f_{c1}$ 之间幅频特性的衰减值，即频率变化一倍频程时幅频特性的衰减量。

6. 滤波器因数 λ

滤波器的选择性还可以用滤波器幅频特性的 –60 dB 带宽与 –3 dB 带宽的比值表示，即

$$\lambda = \frac{B_{-60\ \mathrm{dB}}}{B_{-3\ \mathrm{dB}}}$$

理想滤波器的 λ=1，一般要求滤波器 $1 < \lambda < 5$。如果带阻衰减量达不到 –60 dB，则以标明衰减量（如 –40 dB）的带宽与 –3 dB 带宽之比来表示滤波器的选择性。

在实际工作中，应根据滤波器的参数和具体情况合理选用滤波器，以达到提取所需频率信号的目的。

二、数字信号的处理

（一）A/D 转换

把连续时间信号转换为与其相对应的数字信号的过程称为 A/D 转换过程，其是数字信号处理的必要程序。经 A/D 转换后的数字信号送入数字信号分析仪或数字计算机完成信号处理。

利用采样脉冲序列 $p(t)$，从连续时间信号 $x(t)$ 中抽取一系列离散样值，使之成为采样信号 $x(nT_s)$ 的过程称为信号采集。T_s 称为采样间隔或采样周期，$f_s=1/T_s$ 称为采样频率。

由于后续的量化过程需要一定的时间 τ，对于随时间变化的模拟输入信

号，要求瞬时采样值在时间 τ 内保持不变，这样才能保证转换的正确性和转换精度，这个过程就是采样保持。实际上，采样后的信号是阶梯形的连续函数。

采样信号 $x(nT_s)$ 经过舍入或截尾的方法变为只有有限个有效数字的数，这一过程称为量化。

将离散幅值经过量化以后变为二进制数字。

信号 $x(t)$ 经过上述变换以后，即变成了时间上离散、幅值上量化的数字信号。

（二）数字滤波

检测信号被采入计算机后，尚需去除混杂在有用信号中的随机干扰信号，可采用数字滤波的方法予以削弱或消除。

数字滤波就是通过一定的计算程序对采样信号进行平滑加工，以减少干扰信号占有用信号的比重，提高信号的真实性。数字滤波可以对各种干扰信号甚至极低频率的信号进行滤波。数字滤波稳定性高，滤波参数修改方便，滤波子程序可以被各种控制回路调用，因此得到了广泛的应用。常用的数字滤波方法有以下几种：

1. 平均值滤波法

对信号 Y 的 m 次测量值进行算术平均，作为时刻 n 的输出，即

$$\overline{Y}(n)=\frac{1}{n}\sum_{i=1}^{n}y(i)$$

n 值决定了信号的平滑度和灵敏度。随着 n 的增大，平滑度提高，灵敏度降低。应视具体情况选取 n，以得到满意的滤波效果。为方便求平均值，n 一般取 4、8、16 等 2 的整数幂，以使用移位来代替除法。

算术平均值滤波法对每次采样值给出相同的加权系数，即 $1/n$。实际上，某些场合需要增加新采样值在平均值中的比重，可采用加权平均值滤波法，滤波公式为

$$\overline{y}=k_1y_1+k_2y_2+\cdots+k_ny_n$$

其中，k_1，k_2，…，k_n 为加权系数，应满足 k_1，k_2，…，k_n 均大于 0，且它们的和为 1。

加权系数体现了各次采样值在平均值中所占的比例，可根据具体情况确定。一般采样越靠后，加权系数越大，这样可增加新的采样值在平均值中的比例。这种滤波方法可以根据需要突出信号的某一部分，抑制信号的另一部分。

2. 中值滤波法

中值滤波是对某一参数连续采样 n 次（$n \geqslant 3$，且为奇数），然后把 n 次的采样值从小到大或从大到小排队，再取中间值作为本次采样值。中值滤波对于去掉由于偶然因素引起的波动或采样器不稳定所引起的脉动干扰比较有效，对快速变化过程的参数（如流量）则不宜采用此方法。

中值滤波法和平均值滤波法结合，滤波效果会更好，即在每个采样周期，先用中值滤波法得到 n 个滤波值，再对这 n 个滤波值进行算术平均，得到可用的被测参数。

3. 限幅滤波法

由于大的随机干扰或采样器不稳定，使得采样数据偏离实际值太远，可采用上、下限限幅，即

当 $y(n) \geqslant y_n$ 时，取 $y(n)=y_n$（上限值）；

当 $y(n) \leqslant y_1$ 时，取 $y(n)=y_1$（下限值）；

当 $y_1<y(n)<y_n$ 时，取 $y(n)$。

以上讨论了三种数字滤波方法，究竟选择哪一种，应视具体情况而定。平均值滤波法适用于周期性干扰，中值滤波法和限幅滤波法适用于偶然的脉冲干扰。如果应用不恰当，不但达不到滤波效果，反而会降低控制品质。

第五章 机电一体化电气驱动系统设计

第一节 电气驱动系统概述

在现代工业和日常生活中，电气驱动系统扮演着至关重要的角色。从工厂里的大型机械设备到我们日常使用的电动汽车，电气驱动系统无处不在。电气驱动系统就是将电能转化为机械能的系统，主要由电源、电动机、控制器以及相关的传感器和保护装置等组成。电源是整个系统的动力之源，为电动机提供电能，可以是交流电源，也可以是直流电源，根据具体的应用场景和需求进行选择。电动机是核心部件，它将电能转化为旋转或直线运动的机械能。常见的电动机有直流电动机、交流异步电动机和交流同步电动机等。直流电动机具有良好的调速性能，但结构相对复杂。交流异步电动机结构简单、运行可靠，广泛应用于各种工业领域。交流同步电动机则在一些对转速和功率因数要求较高的场合发挥重要作用。控制器在电气驱动系统中起着关键的控制作用，它根据输入的指令和反馈信号，精确地控制电动机的转速、转矩、转向等参数。通过先进的控制算法，如矢量控制、直接转矩控制等，可以实现对电动机的高性能驱动。传感器则用于监测系统的运行状态，如转速、电流、温度等，为控制器提供实时反馈信息。保护装置确保系统在异常情况下能够及时停机，防止设备损坏和人员伤亡。

电气驱动系统具有诸多优点。首先，电抛驱动系统具有高的能量转换效率，相比传统的机械驱动系统，电气驱动系统能够更好地利用能源。其次，电气驱动系统具有良好的控制性能，可以满足各种复杂的运动控制需求。再者，电气驱动系统具有良好的可靠性和耐久性，能够在恶劣的环境下稳定运行。例如，电气驱动系统使得电动汽车具有更高的效率和更低的排放。通过精确控制电动机的输出，可以实现平稳的加速和减速，同时提高车辆的续航里程。在工业自动化中，电气驱动系统可以精确控制生产线上各种机械设备的运动，提高生产效率和产品质量。然而，电气驱动系统也面临一些挑战。例如：在高功率应用场合，如何解决散热问题以确保系统的可靠性？如何提高系统的功率密度，减小设备的体积和重量？如何应对复杂的电磁干扰环境？等等。

一、驱动方式选择

驱动方式的选择主要考虑传动方式，调速性能，负载特性，启动、制动与反向要求。

（一）传动方式

传动方式，即电动机拖动的方式，分为单独拖动和分立拖动。单独拖动就是一台设备只用一台电动机，通过机械传动链将动力传送到每个工作机构。分立拖动就是一台设备由多台电动机分别驱动各工作机构。

（二）调速性能

机械设备的调速性能要求是由其使用功能决定的。

（1）重型或大型设备的主运动和进给运动应尽可能采用无级调速，以利于简化机械结构，降低制造成本，提高设备利用率。

（2）精密机械设备，如坐标镗床、精密磨床、数控机床、加工中心和精密机械手，应采用无级调速，以保证加工精度和动作的准确性，使设备便于自动控制。

（3）对要求具有快速平稳的动态性能和精确定位的设备，如高速贴片机、激光冲裁设备等应采用步进电机或伺服电机等。

（4）对一般中小型设备，如没有特殊要求的普通机床，应选用简单、经济、可靠的三相鼠笼式异步电动机，配以适当级数的齿轮变速箱。

（三）负载特性

工作机械的负载转矩和转速之间的函数关系，称为负载的转矩特性。对于不同机械设备的各个工作机构，负载性质不同，转矩特性也不相同。如机床的主运动为恒功率负载，而进给运动为恒转矩负载。

电动机的调速性质主要是指它在整个调速范围内转矩、功率和转速的关系，如允许恒功率输出还是恒转矩输出。电动机的调速性质必须与工作机械的负载特性相适应。

（四）启动、制动与反向要求

不同机械设备的各个工作机构，对启动、制动与反向的要求各不相同，因而需要不同的形式。由电动机完成启动、制动与反向，一般比机械方法容易。因此，启动、停止、正反转运动和调整操作等，只要条件允许，最好由电动机完成。

启动转矩较小的场合，如一般机床主运动系统，原则上可采用任何一种启动方式。启动时要克服较大静转矩的场合，可选用高启动转矩的电动机。对于电网容量不大而启动电流较大的电动机，要采取限制启动电流的措施，如串入电阻降压启动等。

某些高效高速设备，为便于测量、装卸工件或更换工具，宜用电动机制动；若要求迅速制动，可采用反接制动；若要求制动平稳、准确，则宜采用能耗制动。

龙门刨床、电梯等设备常要求启动、制动和反向快速而平稳，而有些机械手、数控机床、坐标镗床除要求启动、制动和反向快速而平稳外，还要求准确定位。这类要求高动态性能的设备，需采用反馈控制系统、步进控制系统及其他控制方式。

二、电动机的选择

机电一体化设备的运动通常是由电动机驱动的，电动机的选择应满足机电一体化设备的使用条件，由具体的驱动对象和工作要求决定。

（一）电动机结构形式的选择

应根据环境条件选择电动机的结构形式，具体如下：

（1）在正常环境条件下，一般采用防护式电动机。只有在人员和设备安全有保障的条件下，才能采用开启式电动机。

（2）在空气中粉尘较多的场所，宜用封闭式电动机。

（3）在湿热带地区或比较潮湿的场所，尽量采用湿热带型电动机。若用普通型电动机，应采取相应的防潮措施。

（4）在露天场所，宜用户外型电动机。若有防护措施，也可采用封闭式电动机。

（5）在高温场所，应根据周围环境温度选用相应绝缘等级的电动机，并加强通风，以改善电动机的工作条件，加大电动机的工作容量，使其具备温升裕量。

（6）在有爆炸危险的场所，应选用防爆型电动机。

（7）在有腐蚀性气体的场所，应选用防腐式电动机。

（二）电动机类型的选择

电动机类型的选择依据是机电一体化设备的负载特性，在经济的前提下应满足机械设备在工作速度、机械特性、速度调节、启制动特性等方面的要求。

（1）不需要调速的机械应优先选用鼠笼型异步电动机。

（2）对于负载周期性波动的工作机械，为了削平尖峰负载，一般采用带飞轮的电动机。

（3）需要补偿电网功率因数及获得稳定的工作速度时，优先选用同步电动机。

（4）只需要几种速度，且不要求调节速度时，可选用多速异步电动机。

（5）需要大的启动转矩和恒动率调速的机械，如电车、牵引车等，宜用直流串励电动机。

（6）启制动和调速要求较高的机械，可选用直流电动机或带调速装置的交流电动机。

（7）电动机结构形式应当适应机械结构的要求，如采用凸缘或内联式电动机。

（三）电动机转速的选择

电动机转速的选择应适合机械的要求。由于磁极对数不同，异步电动机的同步转速有 3 000 r/min、1 500 r/min、1 000 r/min、750 r/min、600 r/min 等几种。由于存在转差率，实际转速比同步转速低 2% ~ 5%。选择电动机转速的方法如下：

（1）对于不需要调速的高、中转速机械，一般选用相应转速的电动机，以便与机械转轴直接连接。

（2）对于不需要调速的低转速机械，一般选用稍高转速的电动机，通过减速机构来传动，但电动机转速不宜过高，以免增加减速的难度。

（3）对于需要调速的机械，电动机的最高转速应与机械的最高转速相适应，连接方式可以为直接传动，或者通过减速机构传动。

（四）电动机容量的选择

电动机容量说明了它的负载能力，容量选得过大，虽然能保证电动机的正常工作，但是用电效率和功率因数均低，不但提高了设备成本，而且增加了运行费用；容量选得过小，生产效率下降，长期过载将导致电动机过早损坏，甚至发生烧毁故障。

电动机容量的选择有两种方法：一种是调查统计类比法；另一种是分析计算法。

对于通用设备，如机床、冶金机械、轻工机械、纺织机械、流体机械等，常采用调查统计类比法来选择电动机的容量。也可以对机械设备拖动电动机进行实测、分析，以选择电动机的容量。

分析计算法是根据机械设备中对机械传动功率的要求，确定拖动电动机功率。知道机械传动的功率，就可计算出电动机功率，即

$$P=\frac{P_1}{\eta_1\eta_2}=\frac{P_1}{\eta_3}$$

式中：P——电动机功率；

P_1——机械传动轴上的功率；

η_1——生产机械效率；

η_2——电动机与生产机械之间的传动效率；

η_3——机械设备总效率。

计算出电动机的功率，还要根据实际情况进行分析，对电动机进行校验，最后确定其容量。

第二节　电动机

一、直流电机

（一）直流电机的基本结构

1. 直流电机的定子

定子是直流电机的静止部分，主要用来产生磁场。定子主要包括以下几部分：

（1）主磁极

主磁极包括铁芯和励磁绕组两部分。当励磁绕组中通入直流电流后，铁芯中即产生励磁磁通，并在气隙中建立励磁磁场。励磁绕组通常用圆形或矩形的绝缘导线制成一个集中的线圈，套在磁极铁芯外面。主磁极铁芯一般用 1 ~ 1.5 mm 厚的低碳钢板冲片叠压铆接而成，主磁极铁芯柱体部分称为极身，靠近气隙一端较宽的部分称为极靴，极靴与极身交接处形成一个突出的肩部，用于支撑励磁绕组。极靴沿气隙表面成弧形，使磁极下气隙磁通密度分布更合理。整个主磁极用螺杆固定在机座上。直流电机的结构如图 5-1 所示，图 5-2 为其正剖面图。

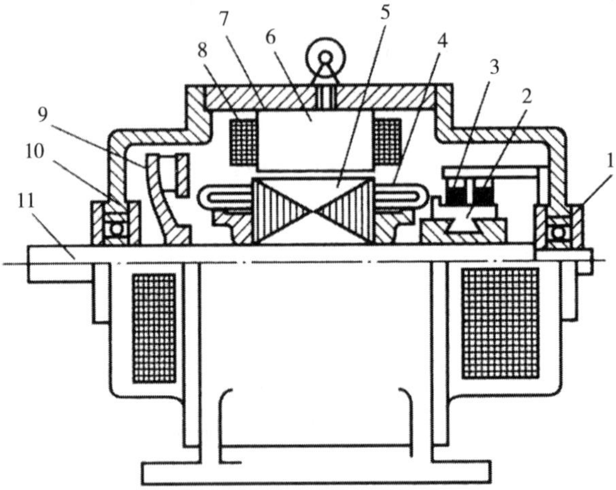

1—轴承；2—换向器；3—电刷；4—电枢绕组；5—电枢铁芯；6—磁极；
7—机座；8—励磁绕组；9—风扇； 10—端盖；11—轴

图 5-1　直流电机的结构

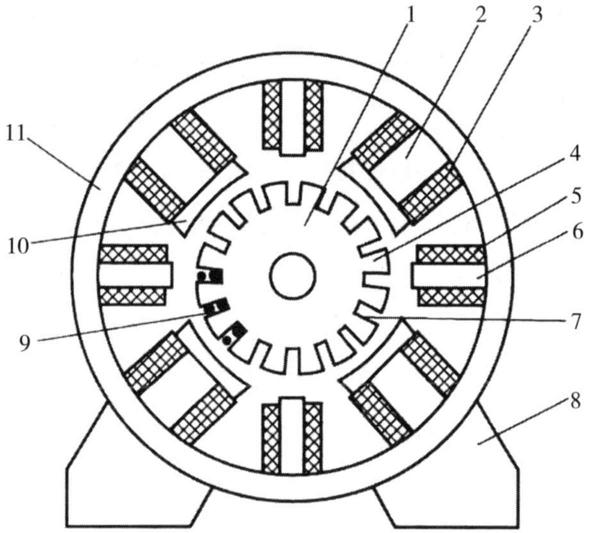

1—电枢铁芯；2—主磁极；3—励磁绕组；4—电枢齿；5—换向极绕组；
6—换向极铁芯；7—电枢槽；8—底座；9—电枢绕组；10—极靴；11—机座

图 5-2 直流电机正剖面图

主磁极总是 N、S 两极成对出现。各主磁极的励磁绕组通常串联连接，连接时要能保证相邻磁极的极性按 N、S 交替排列。

（2）换向极

换向极也由铁芯和绕组构成。中、小容量直流电机的换向极铁芯是用整块钢制成的；大容量直流电机和换向要求高的电机，换向极铁芯用薄钢片叠成。换向极绕组要与电枢绕组串联，因通过的电流大，导线截面较大，匝数较少。换向极装在主磁极之间，换向极数一般等于主磁极数。在功率很小的电机中，换向极数有时只有主磁极数的一半或不装换向极。换向极的作用是改善换向，防止电刷和换向器之间出现过强的火花。

（3）电刷装置

电刷装置由电刷、刷握、压紧弹簧和刷杆等组成。电刷是用碳石墨等做成的导电块，电刷装在刷握的盒内，用压紧弹簧压紧在换向器的表面。压紧弹簧的压力可以调整，保证电刷与换向器表面有良好的滑动接触。刷握固定在刷杆上，刷杆装在刷杆座上，彼此之间绝缘。刷杆座装在端盖或轴承盖上，根据电流的大小，每一刷杆上可以有几个电刷组成的电刷组，电刷组的数目一般等于主磁极数。电刷的作用是与换向器配合引入、引出电流。

（4）机座和端盖

机座一般用铸钢或厚钢板焊接而成，用来固定主磁极、换向极和端盖，借助底脚将电机固定于机座上。端盖固定于机座上，支撑直流电机的转轴，使直流电机能够旋转。

2. 直流电机的转子

转子是电机的转动部分，转子的主要作用是感应电动势，产生电磁转矩，使机械能变为电能（发电机），或使电能变为机械能（电动机）。转子主要包括以下几部分：

（1）电枢

电枢包括铁芯和绕组两部分。

电枢铁芯一般用 0.5 mm 厚的涂有绝缘漆的硅钢片冲片叠成，这样铁芯在主磁场中转动时可以减少磁滞和涡流损耗。铁芯表面有均匀分布的齿和槽，槽中嵌放电枢绕组。电枢铁芯构成磁的通路。电枢铁芯固定在转子支架或转轴上。电枢铁芯冲片如图 5-3 所示。

图 5-3　电枢铁芯冲片

电枢绕组是用绝缘铜线绕制成的线圈按一定规律嵌放到电枢铁芯槽中的，并与换向器作相应的连接。线圈与铁芯之间以及线圈的上下层之间均要妥善绝缘，用槽楔压紧，再用玻璃丝带或钢丝扎紧。电枢绕组是电机的核心部件，电机工作时在其中产生感应电动势和电磁转矩，实现能量的转换。

（2）换向器

换向器的作用是与电刷配合，将直流电动机输入的直流电流转换成电枢绕组内的交变电流，或是将直流发电机电枢绕组中的交变电动势转换成输出的直流电压。

换向器是一个由许多燕尾状的梯形铜片间隔云母片绝缘排列而成的圆柱体，每片换向片的一端有高出的部分，上面铣有线槽，供电枢绕组引出端焊接用。所有换向片均放置在与它配合的具有燕尾状槽的金属套筒内，然后用V形钢环和螺纹压圈将换向片和套筒紧固成一整体。换向片组与套筒、V形钢环之间均用云母片绝缘，换向器的侧剖面如图5–4所示。

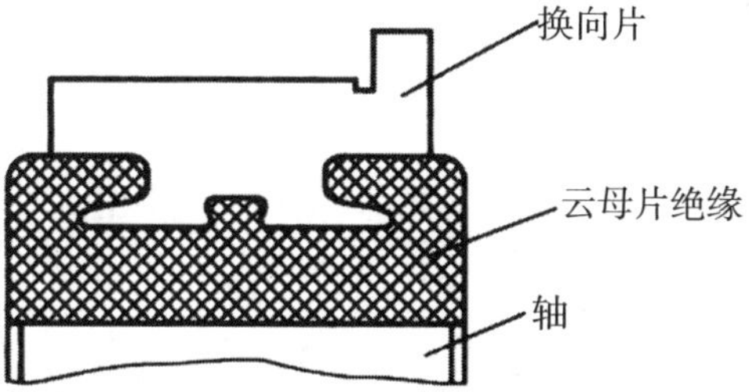

图5–4　直流电机换向器

换向器由多个换向片围成环状，套在转轴上，片与片之间用云母绝缘，它们与轴之间也用绝缘物隔开。运行时，换向器的外圆周与电刷保持良好的滑动接触。换向器和电刷的作用是使旋转的元件一个一个地改变电流方向，并保证电枢绕组对外的总电势方向不变，作用在电枢绕组上的电磁转矩方向不变。

（3）转轴

转轴上安装电枢和换向器。

（4）气隙

静止的磁极和旋转的电枢之间的间隙称为气隙。在小容量电机中，气隙为 0.5 ~ 3 mm。气隙磁阻很大，为电机磁路的主要组成部分。气隙大小对电机运行性能有很大影响。

（二）直流电机的工作原理

1. 直流发电机的工作原理

图 5–5 所示为直流发电机工作原理示意图。图中，N、S 是一对固定不动的磁极。磁极可以由永久磁铁制成，但通常是在磁极铁芯上绕制励磁绕组，在励磁绕组中通入直流电流，产生 N、S 极。在 N、S 磁极之间装有由铁磁性物质构成的圆柱体，在圆柱体外表面的槽中嵌放了线圈 *abcd*，圆柱体可在磁极内部旋转。整个转动部分称为转子或电枢。电枢线圈 *abcd* 的两端分别与固定在轴上相互绝缘的两个半圆铜环相连接，这两个半圆铜环称为换向片，即构成了简单的换向器。换向器通过静止不动的电刷 A 和 B，将电枢线圈与外电路接通。

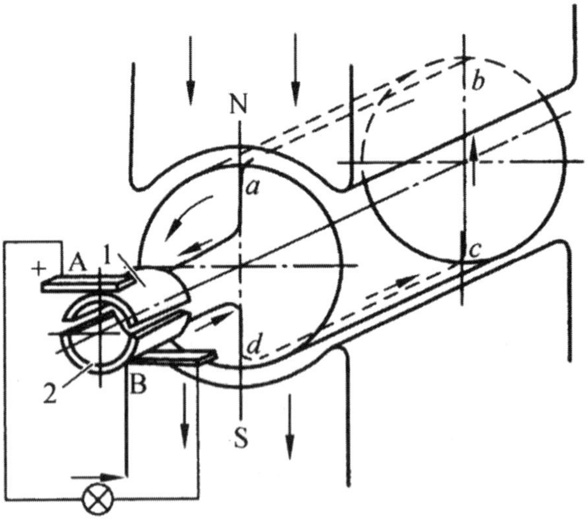

图 5–5 直流发电机工作原理示意图

2. 直流电动机的工作原理

图 5–6 所示为直流电动机工作原理示意图，其基本结构与发电机完全相同，只是将直流电源接至电刷两端。当电刷 A 接至电源的正极，电刷 B 接至

电源的负极时，电流将从电源正极流出，经过电刷 A、换向片 1、线圈 *abcd* 到换向片 2 和电刷 B，最后回到负极。根据电磁力定律，载流导体在磁场中受电磁力的作用，其方向由左手定则确定。图 5–6 中，导体 *ab* 所受电磁力的方向向左，而导体 *cd* 所受电磁力的方向向右，这样就产生了一个转矩。在转矩的作用下，电枢便按逆时针方向旋转起来。当电枢从图 5–6 所示的位置转过 90° 时，线圈磁感应强度为零，使电枢旋转的转矩消失，但由于机械惯性，电枢仍能转过一个角度，使电刷 A、B 分别与换向片 2、1 接触，于是线圈中又有电流流过。电流从正极流出，经过电刷 A、换向片 2、线圈到换向片 1 和电刷 B，最后回到电源负极。此时，导体 *ab* 中的电流改变了方向，并且导体 *ab* 已由 N 极下转到 S 极下，其所受电磁力方向向右，同时，处于 N 极下的导体 *cd* 所受的电磁力方向向左，因此，在转矩的作用下，电枢继续沿着逆时针方向旋转。这就是直流电动机的基本原理。

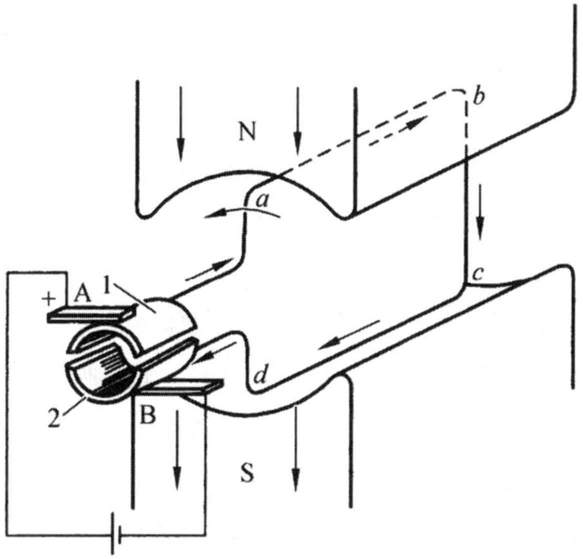

图 5–6　直流电动机工作原理示意图

由此可知，直流电机既可作为发电机运行，也可作为电动机运行，这就是直流电机的可逆原理。如果原动机拖动电枢旋转，通过电磁感应，便将机械能转换为电能，供给负载，这就是发电机；如果由外部电源给电机提供电能，由于载流导体在磁场中的作用产生电磁力，建立电磁转矩，拖动负载转动，又成为电动机了。

（三）直流电机的主要系列

在应用范围、结构形式、性能水平、生产工艺等方面有共同性，功率按某一系数递增的成批生产的电机称为系列电机。系列化便于产品的标准化和通用化。我国直流电机的主要系列如下：

（1）Z2 系列。此系列为一般用途的中小型直流电机。

（2）Z 和 ZF 系列。此系列为一般用途的中大型直流电机，其中“Z”为直流电动机系列，“ZF”为直流发电机系列。

（3）ZT 系列。此系列为用于恒功率且调速范围较宽的宽调速直流发电机。

（4）ZZJ 系列。此系列为冶金辅助拖动机械用的冶金起重直流电动机，具有快速启动和过载能力较大的特性。

（5）ZQ 系列。此系列为电力机车、工矿电机车和蓄电池供电的电车用的直流牵引电动机。

（6）Z–H 系列。此系列为船舶上各种辅机船用直流电动机。

（7）ZA 系列。此系列为用于矿井和易爆气体场合的防爆安全型直流电机。

（8）ZU 系列。此系列为用于龙门刨床的直流电动机。

（9）ZW 系列。此系列是无槽直流电动机，在快速响应的伺服系统中作执行元件。

（10）ZLJ 系列。此系列是力矩直流电动机，在伺服系统中作执行元件。

（11）BFG 系列。此系列是直流三换向片永磁电动机，用于盒式录音机、电动玩具等。

二、三相异步电动机

异步电动机按相数不同，分为三相异步电动机和单相异步电动机；按转子结构不同，分为笼型三相异步电动机和绕线转子型三相异步电动机。其中，笼型三相异步电动机因结构简单、制造方便、价格便宜、运行可靠，在各种电动机中应用最广、需求量最大。

（一）三相异步电动机端子接线

定子由机座、定子铁芯、定子绕组和端盖等组成。机座和端盖通常用铸铁制成，机座内装有由 0.5 mm 厚的硅钢片叠制而成的定子铁芯。铁芯内圆周上分布着定子槽，槽内嵌放三相定子绕组。定子绕组与铁芯间有良好的绝缘。

定子绕组是定子的电路部分，对于中小型电动机，定子绕组一般由漆包线绕制而成，共分三相，分布在定子铁芯槽内，构成对称的三相绕组。三相绕组共有六个出线端，将其引出接在置于电动机外壳上的接线盒中。三个绕组的首端分别用 U_1、V_1、W_1 表示，其对应的尾端分别用 U_2、V_2、W_2 表示。通过接线盒上六个端头的不同连接，可将三相定子绕组接成星形或三角形，如图 5-7 所示。

当向三相定子绕组中通入对称的三相交流电时，就产生了一个以同步转速沿定子和转子内圆空间作顺时针方向旋转的旋转磁场。由于旋转磁场以此转速旋转，转子导体开始时是静止的，故转子导体将切割定子旋转磁场而产生感应电动势（感应电动势的方向用右手定则判定）。

通入三相对称交流电后，将产生一个旋转磁场，该旋转磁场切割转子绕组，从而在转子绕组中产生感应电流（转子绕组是闭合通路），载流的转子导体在定子旋转磁场作用下将产生电磁力，从而在电机转轴上形成电磁转矩，驱动电动机旋转，电动机旋转方向与旋转磁场方向相同。

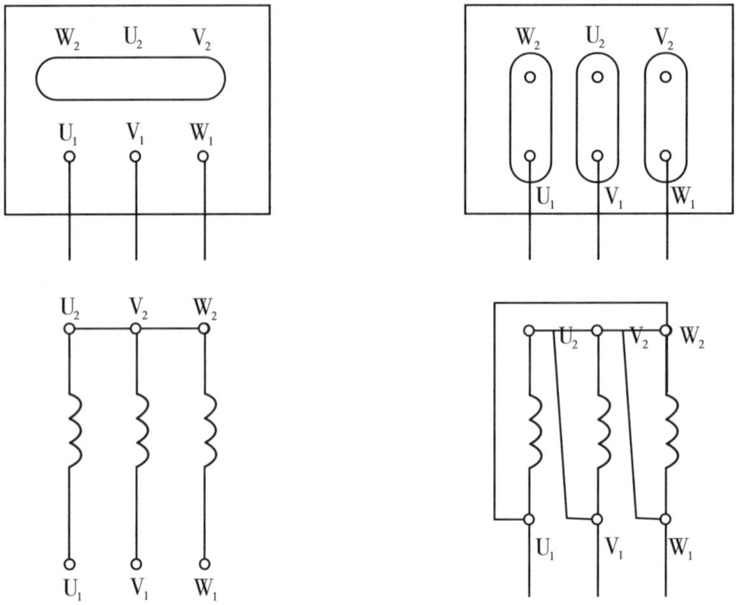

（a）星形连接　　（b）三角形连接

图 5–7　三相定子绕组的接法

（二）三相异步电动机的铭牌

每一台三相异步电动机，机座上都有一块铭牌，其上标有型号、额定值等，如表 5–1 所示。

表 5–1　三相异步电动机的铭牌

三相异步电动机			
型号：Y112M–2		编号：××××	
4 kW		8.2 A	
380 V	2 890 r/min	LW79 dB（A）	
接法：△	防护等级：IP44	50 Hz	×× kg
JB/T9616—1999	工作制	B 级绝缘	×× 年 ×× 月
×× 电机厂			

1. 型号

异步电动机型号的表示方法是用汉语拼音的大写字母和阿拉伯数字表示电动机的种类、规格和用途等。电动机的中心高越大，容量越大，80 ~ 315 mm 为小型电动机，315 ~ 630 mm 为中型电动机，630 mm 以上为大型电动机。在同一中心高下，机座长则铁芯长，容量大。

2. 额定值

额定值规定了电动机的正常运行状态和条件，是选用、维修电动机的依据。铭牌上标注的主要额定值有：

（1）额定功率 P_N。电动机在额定状态运行时，轴上输出的机械功率（kW）。

（2）额定电压 U_N。电动机在额定状态运行时，加在定子绕组出线端的线电压（V）。

（3）额定电流 I_N。电动机在额定电压、额定频率下，轴上输出额定功率时，定子绕组中的线电流（A）。

对于三相异步电动机，其额定功率与其他额定数据之间有如下关系式：

$$P_N = \sqrt{3} U_N I_N \cos\varphi_N \eta_N$$

式中：$\cos\varphi_N$——额定功率因数；

η_N——额定效率。

（4）额定频率 f_N。电动机所接交流电源的频率。我国电力系统频率规定为 50 Hz。

（5）额定转速 η_N。在额定电压、额定频率下，电动机轴上输出额定机械功率时的转子转速（r/min）。

此外，铭牌上还标明了绕组接法、绝缘等级及工作制等。对于绕线转子异步电动机还标有转子绕组的额定电压和转子额定电流。

（三）三相异步电动机的拆装

拆装电动机是了解、认识电动机的最佳途径，是对电动机进行检查、清理的必要步骤。如果拆装不当，轻则把零部件装配位置弄错，造成装配困难，重则损坏零部件。

1. 训练工具、设备与器材

电工通用工具 1 套，万用表（MF30 或 MF47 等型）1 只，钳形电流表（T301-A 型）1 只，兆欧表（500 V，0 ~ 200 MΩ）1 只，转速表 1 只，三相异步电动机（型号 Y132M-4、功率 7.5 kW，额定电压 380 V、额定电流 15 A、定子绕组△接法、额定转速 1 470 r/min）1 台、拉具（两爪或三爪）、汽油、刷子、干布、绝缘黑胶布等。

2. 电动机的拆卸

对于 55 kW 及以下的中小型三相异步电动机，拆卸步骤为：

（1）拆卸前，先将电动机外部连接线拆除，做好导线端头标记，记下连接线图。

（2）拆开与电动机相连的其他连接件，如其他拖动或被拖动机械及基础螺钉等外部物件，将电动机吊运到检修场地。

（3）将联轴器及传送带轮卸下。

（4）卸去风罩和风扇。

（5）拆下轴伸端的轴承盖和端盖。

（6）将后端盖与机座止口脱开，然后将转子连同后端盖一起抽出，放置在搁架上。

（7）拆去后端盖和轴承盖。

（8）卸下滚动轴承，进行清洗或更换。

（9）当电动机容量很小或电动机端盖与机座配合过紧不易卸下时，可用橡胶锤或在轴的前端垫上木块敲，使后端盖与机座脱离，再将转子连同后端盖一起抽出机座。

3. 电动机的装配

电动机的装配步骤与拆卸步骤相反。装配前，要认真清除各配合处的锈斑及污垢、异物，尤其是定子内膛、定子绕组端部、转子表面都要吹刷干净，不能有杂物。装配时，最好按拆卸时标注的印记复位。装配后，转动转子，检查其转动是否灵活。

4. 接线与测试

（1）用万用表检查电动机绕组的通断情况。

（2）用兆欧表检查电动机的绝缘电阻，应大于 0.5 mΩ。

5. 通电空载试车

（1）检查电动机的空载转速。

（2）检查电动机的空载电流。

（3）检查电动机的温度。

6. 操作要点

使用拉具时，拉具的丝杆顶端要对准电动机轴的中心。拆卸过程中，不能用锤子直接敲打传动带轮，否则会使轴变形，传动带轮损坏。取下风扇前，可用锤子在风扇四周均匀敲打，风扇即可取下。若风扇是塑料材料，可将风扇浸入热水中，待膨胀后卸下。不允许用锤子直接敲打端盖。起重机械的使用要注意安全，钢丝绳一定要绑牢。抽出转子时，一定要小心缓慢，不得歪斜，以防止碰伤定子绕组。拉具的脚爪应紧扣在轴承的内圈上，拉具的丝杆顶点要对准转子轴的中心，扳动丝杆要慢，用力要均匀。清洗轴承后，轴承涂注润滑脂不要超过腔体的 2/3。装配时一定要对好标记。装配时，拧紧端盖螺钉，四周用力均匀，按对角线上下左右逐步拧紧，绝不能先将一个螺钉拧紧后再去拧紧另一个螺钉。兆欧表的使用要正确。绝缘电阻值低于 0.5 mΩ 时要采取烘干措施。使用转速表时一定要注意安全。用酒精温度计测量电动机的温度，检查铁芯是否过热。若发现电动机在运行时有异常现象，应立即停车检查。

（四）三相异步电动机的结构

三相异步电动机由两个基本部分组成：一是固定不动的部分，称为定子；一是旋转部分，称为转子。图 5-8 所示为三相异步电动机的外形和结构示意图。

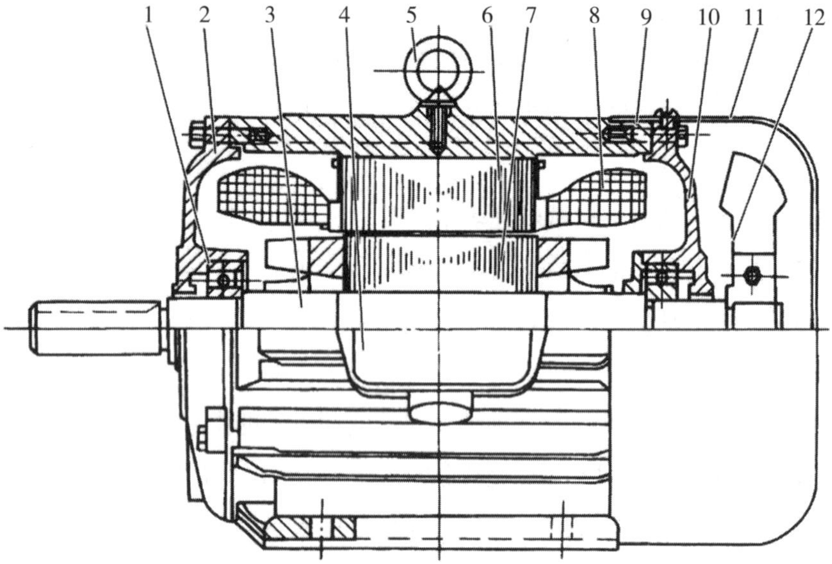

1—轴承；2—前端盖；3—转轴；4—接线盒；5—吊攀；6—定子铁芯；
7—转子铁芯；8—定子绕组；9—机座；10—后端盖；11—风罩；12—风扇

图 5-8　三相异步电动机的外形和结构

转子由转子铁芯、转子绕组、转轴、风扇等组成。转子铁芯为圆柱形，通常是利用定子铁芯冲片冲下的内圆硅钢片，将其外圆周冲成均匀分布的槽后叠成，并压装在转轴上。转子铁芯与定子铁芯之间有很小的空气隙，转子铁芯外圆周上均匀分布的槽是用来安放转子绕组的。

（五）三相异步电动机的分类

三相异步电动机的转子绕组有笼型和绕线转子型两种结构。笼型转子绕组由嵌在转子铁芯槽内的铜条或铝条组成，两端分别与两个短接的端环相连。如果去掉铁芯，转子绕组的外形像一个鼠笼，故称笼型转子绕组。目前中小型异步电动机大都在转子铁芯槽中浇注铝液，铸成笼型绕组，同时在端环上铸出许多叶片，作为冷却用的风扇。绕线转子绕组与定子绕组相似，在转子铁芯槽中嵌放对称的三相绕组，作星形连接。将三个绕组的尾端连接在一起，三个首端分别接到装在转轴上的三个铜制圆环上，通过电刷与外电路的可变电阻相连接，供启动和调速用。

绕线转子电动机结构复杂，价格较高，一般用于对启动和调速要求较高的场合，如起重机等设备上。

三相异步电动机按防护形式分为开启式、防护式、封闭式及特殊防护式等。

开启式电动机除必要的支撑结构外，转动部分及绕组没有专门的防护，与外界空气直接接触。因此，其散热性好，结构简单，适用于干燥、无尘埃、无有害气体的场合。

防护式电动机的机壳或端盖设有通风罩，可防止水滴、尘土、铁屑或其他物体从上方或斜上方落入电机内部，适用于比较清洁、干燥的场合，但不能用于有腐蚀性或有爆炸性气体的场合。

封闭式电动机的外壳完全封闭，可防止水滴、尘土、铁屑或其他物体从任何方向侵入电动机内部，适用于灰尘飞扬、水滴飞溅的场合。此种电动机内外空气不能对流，只靠风扇冷却，由于其运行中安全性好，得到广泛应用。

特殊防护式电动机有隔爆型、防腐型、防水型等，适合在相应环境下工作。

三、三相反应式步进电机

（一）三相反应式步进电动机的结构

三相反应式步进电动机的定子、转子铁芯均由硅钢片叠成。定子上有 6 个磁极，每 2 个相对的极间有一相控制绕组，所以定子共有三相绕组。转子是 4 个均匀分布的齿，齿宽等于定子极靴的宽度，转子上没有绕组。

（二）三相反应式步进电动机的工作原理

1. 三相单三拍通电方式

（1）当 A 相控制绕组通电，而 B 相和 C 相都不通电时，由于磁通具有试图走磁阻最小路径的特点，所以转子齿 1 和 3 的轴线与定子 A 极轴线对齐，如图 5–9（a）所示。

（2）当断开 A 相，接通 B 相时，转子便按逆时针方向转过 30°，使转子齿 2 和 4 的轴线与定子 B 极轴线对齐，如图 5–9（b）所示。

（3）当断开 B 相，接通 C 相时，则转子再转过 30°，使转子齿 1 和 3 的轴线与 C 极轴线对齐，如图 5–9（c）所示。

（a）A 相接通　　（b）B 相接通　　（c）C 相接通

图 5–9　三相反应式步进电动机三相单三拍运行图

如此按 A → B → C → A →…的顺序不断接通和断开控制绕组，转子就会一步一步地按逆时针方向连续转动，如图 5–9 所示。步进电动机的转速取决于各控制绕组通电和断电的频率（即输入的脉冲频率），旋转方向取决于控制绕组轮流通电的顺序。如电机通电次序改为 A → C → B → A →…，则电机转向相反，变为按顺时针方向转动。定子绕组与电源的接通或断开，一般由数字逻辑电路或计算机软件来控制。

以上按 A → B → C → A →…运行的通电方式称为三相单三拍。“三相”是指此步进电动机具有三相定子绕组；“单”是指每次只有一相绕组通电；“三拍”是指三次换接为一个循环，第四次换接重复第一次的情况。这种工作方式的三相步进电动机每一拍转过的角度即步距角 θ_b=30°。

2. 三相六拍通电方式

三相六拍通电方式是指每相通电与两相通电交替进行，即按 A → AB → B → BC → C → CA → A…或 A → AC → C → CB → B → BA → A…的顺序通电。即先接通 A 相定子绕组，接着使 A、B 两相定子绕组同时通电，然后断开 A 相，使 B 相绕组单独通电，然后同时接通 B、C 两相定子绕组，接着 C 相单独通电，然后 C、A 两相定子绕组同时通电，依次循环进行。这种工作方式下，定子三相绕组需经过 6 次换接才能完成一个循环，故称为六拍。三相六拍运行图如图 5–10 所示。

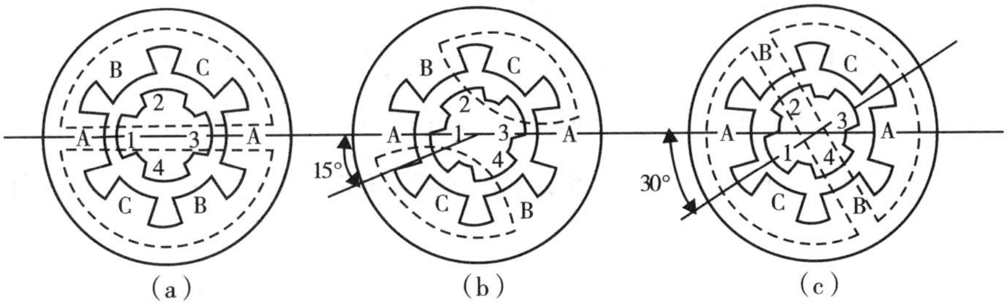

图 5–10　三相反应式步进电动机三相六拍运行图

（1）当 A 相定子绕组通电时，和单三拍运行的情况相同，转子齿 1 和 3 的轴线与定子 A 极轴线对齐，如图 5–10（a）所示。

（2）当 A、B 两相定子绕组同时通电时，转子的位置应兼顾到 A、B 两对极所形成的两路磁通，在气隙中所遇到的磁阻同样程度地达到最小。这时相邻两个 A、B 磁极与转子齿相作用的磁拉力大小相等且方向相反，使转子处于平衡状态。这样，当 A 相通电转到 A、B 两相同时通电时，转子只能逆时针转过 15°，如图 5–10（b）所示。

（3）当断开 A 相定子绕组而使 B 相定子绕组单独通电时，转子将继续沿逆时针方向转过一个角度，直至使转子齿 2 和 4 的轴线与定子 B 极轴线对齐为止，如图 5–10（c）所示，这时转子又转过 15°。

若继续按 BC → C → CA → A…的顺序通电，那么步进电动机就按逆时针方向连续转动。如果通电顺序改为 A → AC → C → CB → B → BA → A…，电动机将按顺时针方向转动。

在三相单三拍运行方式时，每经过一拍，转子转过的步距角为 30°。采用三相六拍通电方式后，由 A 相定子绕组单独通电转到 B 相定子绕组单独通电，中间还要经过 A 和 B 两相绕组同时通电这一状态，也就是说要经过二拍，转子才转过 30°。因此，在三相六拍运行方式下，三相步进电动机的步距角 θ_b=15°，是三相单三拍运行时的一半。

3. 三相双三拍通电方式

三相双三拍通电方式是每次有两相通电，即按 AB → BC → CA → AB… 的顺序通电。这种通电方式与单三拍运行时一样，每一循环也是换接 3 次，共有 3 种通电状态，不同的是，每次换接时都同时有两相定子绕组接通。

三相双三拍运行时，每一通电状态的转子位置和磁通路径与三相六拍相应的两相绕组同时接通时相同，转子每步转过的角度与单三拍时相同，$\theta_b=30°$。

三相双三拍运行方式比三相单三拍好，因为三相单三拍在切换时出现的一相定子绕组断电而另一相定子绕组开始通电的状态，容易造成失步，而且单一定子绕组通电吸引转子，易使转子在平衡位置附近产生振荡。三相双三拍运行时，每个通电状态均为两相定子绕组同时通电，通电方式改变时保证其中一相电流不变（另两相切换），运行可靠、稳定。

（三）常用的小步距角三相反应式步进电动机

由于以上分析的步进电动机的步距角较大，如用于精度要求很高的数控机床等控制系统，会严重影响到加工工件的精度。这种结构只在分析原理时采用，实际使用的步进电动机都采用小步距角。如图 5-11 所示是最常见的一种小步距角三相反应式步进电动机的结构示意图。

图 5-11 中，三相反应式步进电动机定子上有 6 个极，极上有定子绕组，沿直径相对的两个极的线圈串联，构成一相控制的绕组，共有 A、B、C 三相。转子圆周上均匀分布若干个小齿，定子每个磁极端面上也有若干个小齿。根据步进电动机工作的要求，定子、转子的齿宽、齿距必须相等，定子、转子齿数要适当配合，即要求在 A 相一对极下，定子、转子齿一一对齐时，下一相（B 相）所在一对极下的定子、转子齿错开一齿距 t 的 $\frac{1}{m}$（m 为相数），即 $\frac{t}{m}$；再下一相（C 相）的一对极下定子、转子齿错开 $\frac{2t}{m}$，依此类推。

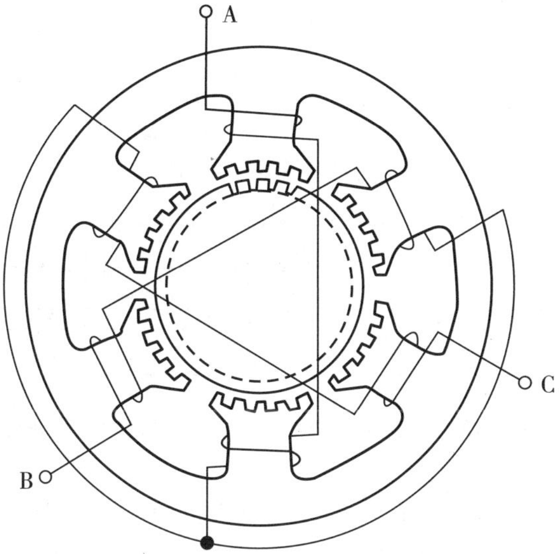

图 5-11　小步距角三相反应式步进电动机的结构示意图

一个转子齿数 $z_r=40$，相数 $m=3$，一相绕组通电时，在气隙圆周上形成的磁极数 $p=1$，以三相单三拍运行为例，每一齿距的空间角为

$$\theta_z=\frac{360°}{z_r}=\frac{360°}{40}=9°$$

每一极距的空间角为

$$\theta_r=\frac{360°}{2pm}=\frac{360°}{2\times1\times3}=60°$$

每一极距所占的齿数为

$$\frac{z_r}{2pm}=\frac{40}{2\times1\times3}=6\frac{2}{3}$$

由于每一极距所占的齿数不是整数，当 A 极下的定、转子齿对齐时，B 极的定子齿和转子齿必然错开 1/3 齿距，即 3°，如图 5-12 所示。

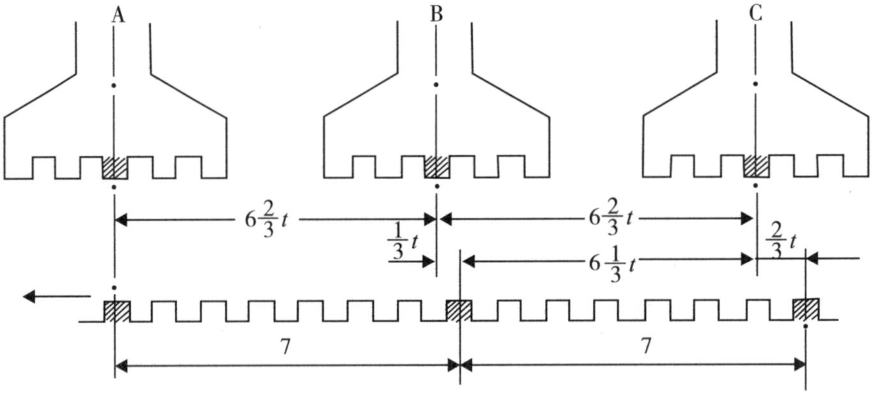

图 5-12 小步距角三相反应式步进电动机的展开图

由图 5-12 可以看出，若断开 A 相定子绕组而接通 B 相定子绕组，则步进电动机中产生沿 B 极轴线方向的磁场，因磁通力图走磁阻最小路径闭合，使转子受到同步转矩的作用而转动，转子按逆时针方向转过 1/3 齿距（3°），直到 B 极下的定子齿与转子齿对齐。相应的 A 极和 C 极下的定子齿又分别和转子齿相错 1/3 齿距。按此顺序连续不断通电，转子便连续不断地转动。

若采用三相六拍通电方式运行，即按 A→AB→B→BC→C→CA→A…顺序循环通电，步距角减小一半，即每一脉冲时转子仅转动 1.5°。由上面分析可知，步进电动机的转子每转过一个齿距，相当于在空间转过$\frac{360°}{z_r}$，则每一拍转过的角度只是齿距角的$\frac{1}{N}$（N 为运行拍数），因此，

步距角为

$$\theta_b = \frac{360°}{z_r N}$$

如果脉冲频率很高，步进电动机定子绕组中送入的是连续脉冲，各相绕组不断地轮流通电，这时，步进电动机不是一步一步地转动，而是连续不断地转动，它的转速与脉冲频率成正比。由$\theta_b = \frac{360°}{z_r N}$可知，每输入一个脉冲，转子转过的角度是整个圆周角的$\frac{1}{z_r N}$，也就是转过$\frac{1}{z_r N}$转，即转速为

$$n = \frac{60f}{z_r N}$$

式中：n——转速，单位为 r/min。

以上讨论的步进电动机都是三相的，也有其他多相步进电动机。步进电动机的相数和转子齿数越多，步距角越小。在一定的脉冲频率下，步距角越小，转速越低。相数越多，电源越复杂，目前的步进电动机一般最多六相。

第六章　机电一体化伺服系统设计

第一节　伺服系统概述

伺服系统是闭环控制系统，其设计的主要理论依据是经典控制理论和现代控制理论。伺服系统的执行器种类繁多，有直流伺服电动机、交流伺服电动机、步进电动机、液压缸、液压马达、气压缸等。执行器的驱动和控制手段是多样的。比如：交流伺服电动机，既可以采用开环控制，也可以采用闭环控制；既可以通过电压控制，也可以通过变频控制；既可以采用模拟仪表控制，也可以采用数字芯片控制。

伺服系统也称随动系统，是一种能够及时跟踪输入给定信号并产生动作，从而获得精确的位置、速度等输出的自动控制系统。

大多数伺服系统具有检测反馈回路，因而伺服系统是一种反馈控制系统。这种系统需不断检测在各种扰动作用下被控对象输出量的变化，与给定值比较，根据给定值与检测值的偏差对被控对象进行自动调节，以消除偏差，使被控对象的输出量始终跟踪给定信号。

一、伺服系统的分类

伺服系统的分类方法很多。按被控量的不同，可以将伺服系统分为位置伺服系统、速度伺服系统，其中最常见的是位置伺服系统，如数控机床的伺服进给系统等。

按照控制方式，可将伺服系统分为开环伺服系统、闭环伺服系统、半闭环伺服系统。开环伺服系统中无检测反馈元件，结构简单，精度较低；闭环伺服系统精度高，结构复杂；半闭环伺服系统的检测反馈元件位于机械执行装置的中间某个部位，将大部分机械构件封闭在反馈控制环之外，性能介于开环伺服系统和闭环伺服系统之间。

根据执行器使用的动力源，可以将伺服系统分为电气伺服系统、液压伺服系统和气压伺服系统等。

电气伺服系统具有高精度、高速度、高可靠性、易于控制等特点。电气伺服系统包括控制用电动机、压电元件、电磁铁等。其中，电动机和电磁铁常作为执行元件。控制用电动机除了要求稳速运转之外，还要求具有良好的加、减速性能。电源经过电力变换器后输送给控制用电动机，电动机驱动负载做机械运动，并在给定的指令位置停止。

液压伺服系统主要包括做往复运动的油缸、液压马达等。目前已开发了各种数字式液压执行元件，如电液步进马达，其有高精度、定位性能好、使用方便等优点。

液压伺服系统的主要特点如下：

（1）功率大。液压伺服系统一般采用油液传递力，可传递高达 25 ~ 30 MPa 的压力，因而可输出很大的功率和力。

（2）控制性能好。由于高压油液可压缩性极小，与相同体积或功率的其他伺服系统相比，液压伺服系统的时间常数小，可实现各种运动的无级调速和缓冲定位，实现连续轨迹控制。

（3）维修方便。液压伺服系统中的油液本身能进行自润滑，有利于延长其使用寿命，发生故障时，维修比电气伺服系统简便。

气压伺服系统是采用压缩空气作为动力的伺服系统。由于传递力的介质是空气，其具有价格低廉等优点，被广泛应用。

气压伺服系统有以下特点：

（1）成本低。采用空气作为传递力的介质，不需要介质费用。同时，因传递压力低，气压驱动装置的成本比液压驱动装置低。

（2）输出功率和力较小，体积较大。

（3）控制稳定性差。由于空气可压缩性大，阻尼效果差，低速不易控制，而且运动的稳定性不好，控制精度不高。

（4）清洁、安全，结构简单，维修方便。

在伺服系统的设计中，当控制方式确定后，主要关注的是执行器及其驱动装置。

二、伺服系统中的执行器

执行器是一种能量转换装置。根据使用能量的不同，执行器主要有电气式、液压式和气压式三种类型。电气式执行器是以电能作为动力，把电能转换为位移或角位移等。电气式执行器具有操作简便、响应快、伺服性能好、易与微机连接等优点，因而成为机电一体化系统中最常用的执行元件。在电气式执行器中，电动机是使用最广泛的执行器。

（一）直流伺服电动机

直流伺服电动机的分类方式很多。按励磁方式分类，可分为他励式、并励式、串励式和复励式。按结构分类，可分为传统型和低惯量型。传统型直流伺服电动机的结构形式与普通直流电动机相同，都由主磁极、电枢铁芯、电枢绕组、换向器、电刷等组成，只是容量和体积要小很多。相对于传统型直流伺服电动机，低惯量型直流伺服电动机的机电时间常数小，大大改善了电动机的动态性能，常见的有空心杯形转子直流伺服电动机、盘式电枢直流伺服电动机和无槽电枢直流伺服电动机。

图 6–1 所示为空心杯形转子直流伺服电动机结构简图。定子部分包括一个外定子和一个内定子。外定子可由永磁钢制成；内定子由软磁性材料制成，仅作为磁路的一部分，以减少磁阻。空心杯电枢上的绕组可采用印制绕组；也可先绕成单个成形绕组，然后将它们沿圆周的轴向排列成空心杯形，再用环氧树脂固化。空心杯电枢直接装在电动机轴上，在内、外定子间的气隙中旋转。电枢绕组接在换向器上，由电刷引出。

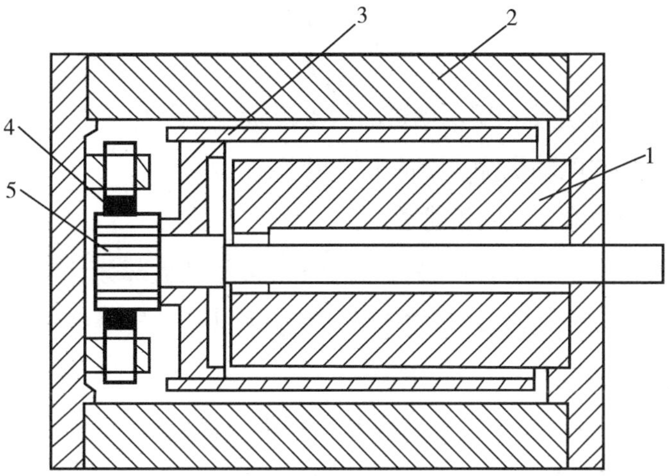

1—内定子；2—外定子；3—空心杯电枢；4—电刷；5—换向器

图 6–1　空心杯形转子直流伺服电动机结构简图

直流伺服电动机的原理和普通直流电动机相同，主磁极的励磁线圈在直流电源下产生恒定磁场，当电枢绕组两端接上直流电源时，在电枢绕组中就有直流电流，电枢绕组在磁场的作用下受到电磁力矩而带动转子旋转，这种旋转要靠电刷对电枢绕组电流的不断换向来维持。如果改变电枢电流的大小和方向，就会改变直流伺服电动机的转速和方向。

（二）交流伺服电动机

交流电动机是把交流电能转换为机械能的一种执行机构。与直流电动机相比，交流电动机具有结构坚固、容易维护、适应各种安装环境、能够承受高速旋转等优点。

1. 交流伺服电动机的分类、结构及特点

交流伺服电动机按定子所接电源的相数分类，可分为单相交流伺服电动机、两相交流伺服电动机和三相交流伺服电动机。交流伺服电动机按转子转速分类，可分为交流异步伺服电动机和交流同步伺服电动机。

交流异步伺服电动机正常工作时是以低于同步转速的速度旋转的。同步转速与加在电动机绕组的电源频率有着固定的关系，即

$$n_1 = \frac{60 f_1}{p}$$

式中：n_1——交流异步伺服电动机的同步转速，单位为 r/min；

f_1——加在电动机绕组上的电源频率；

p——异步电动机的极对数。

交流异步伺服电动机的结构分为定子和转子两大部分。定子铁芯中安放定子绕组，产生所需的磁场。交流异步伺服电动机的转子可分为鼠笼式和绕线式，以鼠笼式居多。

鼠笼式转子的绕组与定子绕组大不相同。在转子的每个槽里放着一根导体，每根导体都比铁芯长，在铁芯的两端用两个端环把所有的导体都短路，形成一个自己短路的绕组。如果把铁芯去掉，则看上去像个鼠笼。

交流异步伺服电动机的主要优点是结构简单，容易制造，价格低廉，运行可靠，坚固耐用，运行效率较高，适宜大功率的传动。

交流同步伺服电动机是以同步转速旋转的。交流同步伺服电动机也由定子和转子两部分组成。交流同步伺服电动机的定子结构与一般交流异步伺服电动机相同。按转子结构的不同，交流同步伺服电动机可分为永磁式、磁阻式和磁滞式三种。图 6–2 所示为永磁式交流同步伺服电动机转子结构。交流同步伺服电动机的转子用的是永磁体，作用是把转子带入同步转速，转子导条用于解决启动问题。在电动机转轴上安装一台转子位置监测器，由它发出信号来控制同步电动机的供电频率，这样就可以构成无刷直流电动机。

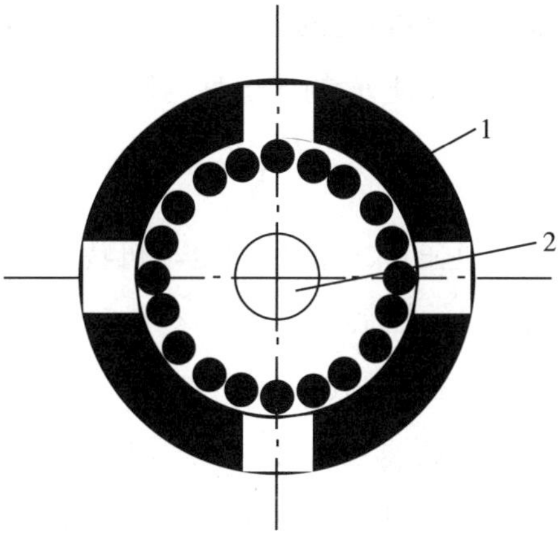

1—永磁体；2—转轴

图 6–2　永磁式交流同步伺服电动机转子结构（径向）

2. 交流异步伺服电动机的工作原理

交流异步伺服电动机的工作原理如图 6–3 所示。转子和磁场之间的相对运动产生电磁转矩，使转子跟随磁场转动。在交流异步伺服电动机中，定子电流用于产生所要求的旋转磁场。对三相异步伺服电动机来说，要求每相定子绕组的有效匝数相同，并且互相间隔 120°。当对每相绕组通入幅值相同、相位互差 120° 的正弦电流时，三相电流将产生一个旋转的磁场。对于两相绕组，要求每相定子绕组的有效匝数相同，互相相隔 90°。当每相绕组通入幅值相同、相位互差 90° 的正弦电流时，也能产生旋转磁场。

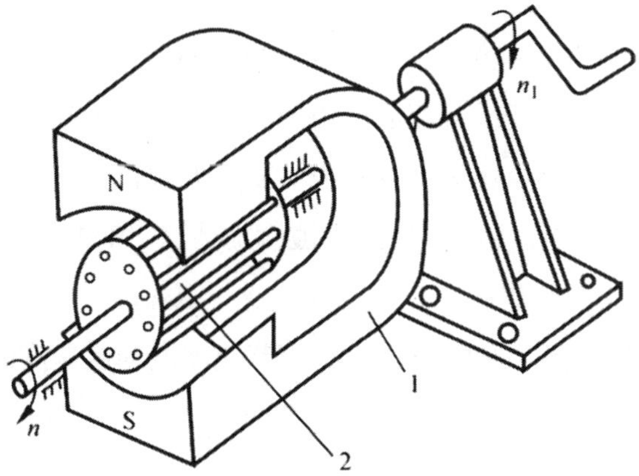

1—旋转磁铁；2—鼠笼式转子

图 6–3　交流异步伺服电动机工作原理

鼠笼式转子是以低于同步转速的速度运行的。通常，同步转速 n_1 与电动机转子转速 n 之差与同步转速 n_1 的比值称为转差率，用 S 表示，有

$$S=\frac{n_1-n}{n_1}$$

式中：S——无量纲的数，它的大小能反映电动机转子的转速。

3. 交流异步伺服电动机的控制

（1）交流异步伺服电动机的调速方法

交流异步伺服电动机的调速主要有以下三种方法：定子调压调速，转子串电阻调速，变频变压调速。电磁转矩和电源频率有一定的关系，改变电源频率也可以实现调速。改变电源频率必然会使同步转速改变，因此转子转速也要发生相应变化。

（2）变频变压器

交流异步伺服电动机的变频变压调速需要能够同时控制频率和电压的交流电源，而电网提供的是恒压恒频的电源，因此需要配置变频变压器。

从整体结构上看，变频变压器可分为"交－直－交"和"交－交"两大类。前者在恒频交流电源和变频交流输出之间有一个中间直流环节，又称为间接式变频变压器；后者不经过中间过程，又称为直接式变频变压器。

"交－直－交"型变频变压器主要由整流器、滤波器、功率逆变器和控制器等部分组成。

图 6–4 所示的"交－直－交"型变频变压器整流器采用三相二极管桥式整流电路，可把交流电变成直流电。由于采用大容量的电容滤波，直流回路电压平稳，输出阻抗小。功率逆变器由大功率开关晶体管组成，把直流电变成了频率可控的交流电。目前广泛采用脉宽调制（PWM）控制方式。控制器主要由单片机组成，其作用是根据给定转速，控制开关晶体管的导通时间，从而改变输出电压的频率和幅值，达到调节交流电动机速度的目的。

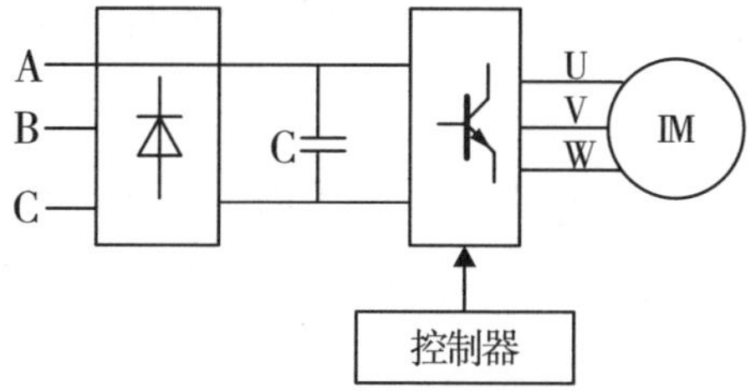

图 6–4　“交 – 直 – 交”型变频变压器原理图

（3）正弦波脉宽调制（SPWM）控制方式

控制理论中有一个重要结论：冲量相等而形状不同的窄脉冲加在具有惯性的环节上时，其效果基本相同。这里的冲量指的是脉冲的面积。根据这个原理，可以先把正弦波的正半周分割成 5 等份，这样就可以把正弦波看成由 5 个彼此相连的脉冲所组成的波形，如图 6–5（a）所示。这些脉冲宽度相等而幅值不等。如果把上述脉冲序列用同样数量的等幅而不等宽的脉冲序列代替，就可得到如图 6–5（b）所示的脉冲序列。这种脉冲宽度按正弦规律变化而与正弦波等效的 PWM 波形，称为 SPWM 波形。

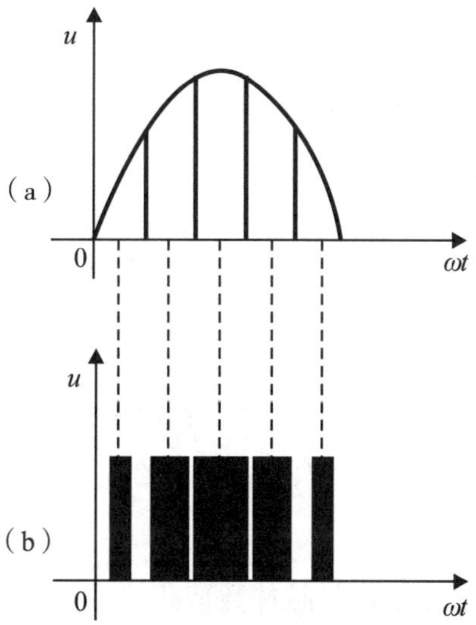

图 6–5　SPWM 的基本原理

SPWM 的实现方式：以正弦波作为逆变器输出的期望波形，以频率比期望波高得多的等腰三角形作为载波，并用频率和期望波相同的正弦波作为调制波。当调制波与载波相交时，由它们的交点确定逆变器开关器件的通断时刻。

如图 6-6 所示，当调制波高于三角波时，输出满幅度的高电平 $+U_d$；当调制波低于三角波时，输出满幅度的低电平 $-U_d$。

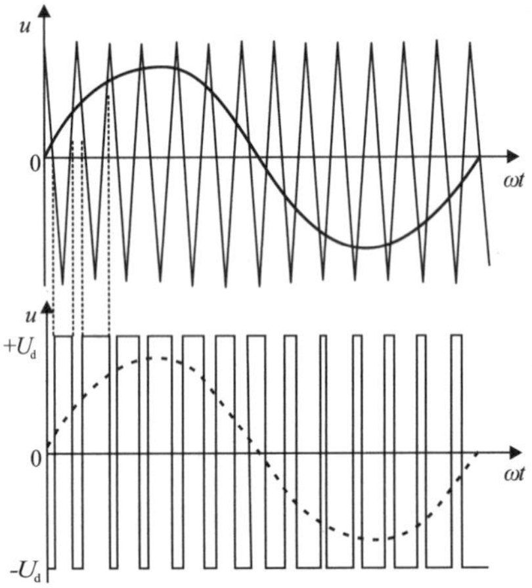

图 6-6　双极性 SPWM 波形

SPWM 采用的方法主要有两种：一种是利用微处理器计算查表得到，它常需复杂的算法；另一种是利用专用集成电路（ASIC）来产生 PWM 脉冲，不需或只需少许编程，使用起来较为方便。如交流电动机微控制器集成芯片 MC3PHAC 是 Motorola 公司生产的高性能智能微控制器集成电路，它是为满足三相交流电动机变速控制系统需求专门设计的。

（三）步进电动机

步进电动机又称脉冲电动机，它接收的是脉冲电信号，每接收一个脉冲，步进电动机相应转过一定的角度。图 6-7 所示为步进电动机功能示意图。

步进电动机的角位移量 Θ 与脉冲数成正比，因此它的转速与脉冲频率成正比。在负载能力范围内，这些关系与电源电压、负载大小等因素无关，因此，步进电动机适合用在开环系统中作为执行元件。

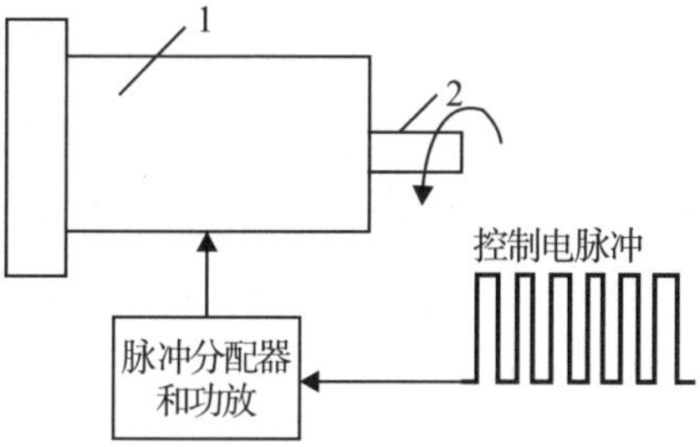

1—步进电动机；2—输出端

图 6–7　步进电动机功能示意图

1. 步进电动机的分类和结构

步进电动机的种类很多，按运动方式可分为直线式步进电动机和旋转式步进电动机；按励磁电源相数可分为两相、三相、四相、五相等；按各相绕组的排列方式可分为径向分相式和轴向分相式；按力矩产生的原理，可分为反应式、永磁式和混合式。

（1）反应式步进电动机

反应式步进电动机是利用凸极转子交轴磁阻和直轴磁阻之差所产生的反应转矩而转动的，所以也称磁阻式步进电动机。图 6–8 所示为三相反应式步进电动机的结构示意图，定子铁芯由硅钢片叠成，定子上有 6 个磁极（大齿），每个磁极上又有许多小齿。三相反应式步进电动机共有三套定子控制绕组，绕在径向相对的两个磁极上的一套绕组为一相。转子铁芯也由硅钢片叠成，沿圆周有许多小齿。转子上没有绕组。

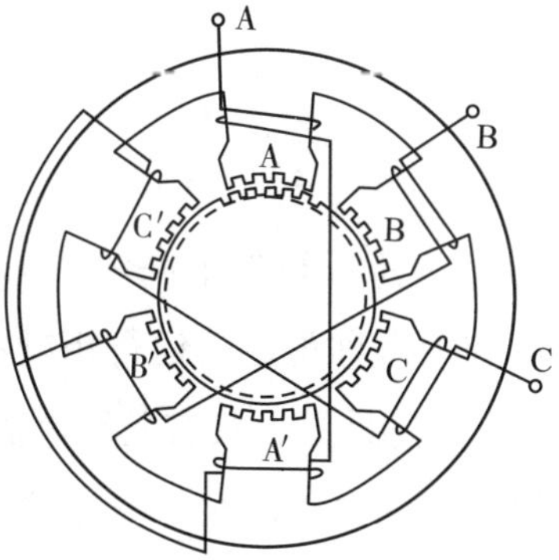

图 6–8　三相反应式步进电动机的结构

（2）永磁式步进电动机

图 6–9 所示为永磁式步进电动机的结构示意图。定子为凸极式，装有两相（或多相）绕组。转子也为凸极式，用永磁钢制成。由定子磁场和转子磁场相互作用来产生转子转矩。当定子绕组按 A、B 两相轮流通电时，转子将产生步距角为 45° 的转动。

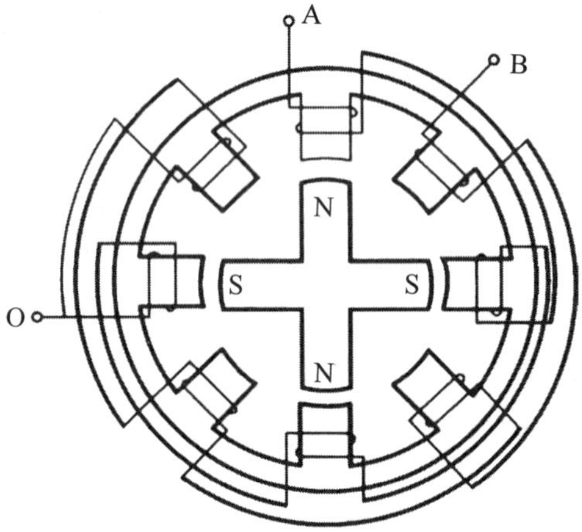

图 6–9　永磁式步进电动机的结构

（3）混合式步进电动机

这种步进电动机是反应式和永磁式的复合形式。它的定子结构与反应式步进电动机基本相同，转子由环形永磁钢和铁芯组成。定子铁芯和转子铁芯上均开有小齿。这种结构既有反应式步进电动机小步距角的特点，又有永磁式步进电动机高效率的特点。

2. 步进电动机的运行特征

（1）连续运行矩频特性

启动后，步进电动机不失步运行的最高频率称为电动机的连续运行频率，它与电动机输出转矩的关系称为连续运行矩频特性。随着频率的升高，电磁转矩下降。控制绕组是呈感性的，具有延缓电流变化的作用。通常外加脉冲电压都是矩形波，绕组中的电流不可能是矩形波，而是有个过渡过程。当控制脉冲频率升高时，绕组内电流的平均值会不断下降，导致步进电动机输出的平均转矩降低。

（2）启动矩频特性和启动惯频特性

在一定负载转矩下，步进电动机不失步地正常启动所能加的最高脉冲控制频率称为启动频率，也称突跳频率。启动频率与负载大小有关，步进电动机启动时除了要克服负载外，还要克服转子的惯性转矩，因此启动频率一般比运行频率低。启动频率与负载转矩的关系称为启动矩频特性。在负载转矩一定时，转动惯量越大，转子速度的增加越慢，启动频率也越低。启动频率与转动惯量之间的关系称为启动惯频特性。

3. 步进电动机的主要性能指标

（1）最大静转矩

一般来说，最大静转矩较大的步进电动机可以带动较大的负载。负载转矩一般取最大静态转矩的 30% ～ 50%。按最大静转矩可以把步进电动机分为伺服步进电动机和功率步进电动机。伺服步进电动机输出力矩较小，有时需要经过力矩放大装置来带动负载；功率步进电动机不需要力矩放大装置就能直接带动负载运动。

（2）步距角

步距角的大小会直接影响步进电动机的启动和运行频率。外形尺寸相同的步进电动机，步距角小的步进电动机往往启动及运行频率比较高，但转速和输出功率不一定高。

（3）静态步距角误差

静态步距角误差是指实际步距角与理论步距角之间的误差值。静态步距角误差小，则步进电动机的精度高。

（4）启动频率

启动频率是步进电动机的一项重要指标。产品目录上一般都有空载启动频率的数据。在实际中，步进电动机大都带负载启动。

（5）运行频率

连续运行频率通常是启动频率的 4 ～ 10 倍。提高运行频率对于提高生产率和系统的快速性有很大的实际意义。

4. 步进电动机的驱动

步进电动机接收的是脉冲信号，因此步进电动机需要由专门的驱动电源供电。驱动电源的基本部分包括变频信号源、脉冲分配器和脉冲功率放大器。变频信号源是一个频率从几赫兹到几万赫兹连续变化的脉冲信号发生器。脉冲分配器的作用是根据运行指令把脉冲信号按一定逻辑关系分配到每一相脉冲功率放大器上，使步进电动机按选定的运行方式工作。从脉冲分配器输出的电流只有数毫安，不能直接驱动步进电动机，因此在脉冲分配器后需要连接功率放大器。

根据驱动电流方向不同，步进电动机的驱动电路可分为单极性驱动电路和双极性驱动电路。在单极性驱动电路中，电流只沿一个方向流过步进电动机绕组；在双极性驱动电路中，电流将会沿两个方向流过步进电动机的绕组。

按功率放大器电路不同，步进电动机的驱动电路主要可分为单电压电路、双电压电路、恒流斩波电路、细分电路、调频调压电路等。

（1）单电压电路

单电压电路即单一电源供电的电路。图 6–10 所示为单电压驱动电路。当有控制脉冲信号输入时，功率管 V 导通，控制绕组有电流流过；否则，功率管 V 关断，控制绕组没有电流流过。

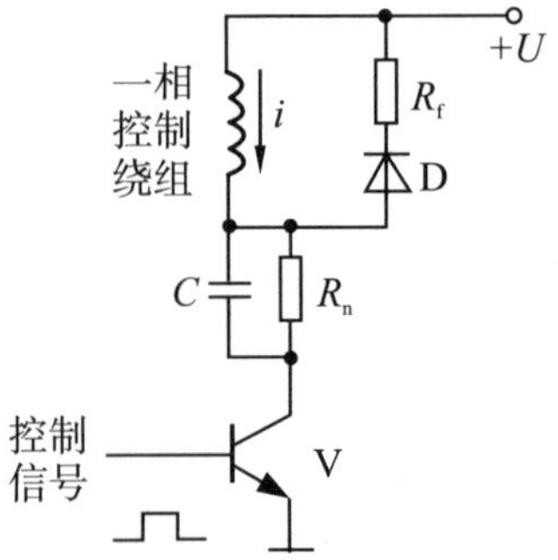

图 6–10　单电压驱动电路

为了减小控制绕组的时间常数，提高步进电动机的动态转矩，在控制绕

组中串联电阻 R_n。R_n 同时也起限制电流的作用。电阻两端并联电容 C 是为了改善步进电动机控制绕组电流脉冲的前沿。二极管和电阻 R_f 构成了放电回路，用于限制功率管 V 集电极上的电压和保护功率管 V。

这种电路的最大特点是线路简单，功率元件少，成本低。由于 R_n 要消耗能量，这种电路的工作效率低，一般只适于小功率步进电动机的驱动。

（2）双电压电路

采用双电压电路可以改善输出电流的波形，电动机的矩频特性好，启动和运行频率得到了很大的提高。双电压电路的主要缺点是低频运行时输入能量过大，造成步进电动机低频振荡加重，同时电源的容量增大。

（3）恒流斩波电路

恒流斩波电路可以提高绕组电流导通后的平稳性，使得步进电动机在额定电流附近产生较小的脉动。恒流斩波电路是通过对绕组电流的检测，实现对电流大小的控制的。当绕组电流高于额定值时，关断相应的功率管；当绕组电流低于额定值时，开启相应的功率管。这种电路相当于在原来的双电压电路基础上多加了一个电流检测控制线路，因而可以根据绕组电流来控制高压电源的接通和断开。

（4）细分电路

由于受到制造工艺的限制，步进电动机的步距角是有限的。在实际中，有些系统要求步进电动机的步距角必须很小。如数控机床要求脉冲当量为 0.01 mm/ 脉冲。为了满足要求，可以采用细分驱动方式。所谓细分驱动方式，就是把原来的一步细分为若干步，使步进电动机的转动近似为均匀运动，并能在任何位置停止。为此，可将原来的矩形脉冲电流改为阶梯波电流。

实现阶梯波通常有两种方法：一种是对细分方波先放大后叠加，另一种是对细分方波先叠加后放大。前一种方法将使电路中的功率元件增加，但元件容量成倍降低，结构简单，容易调整，适合于中、大功率步进电动机的驱动；后一种方法电路中的功率元件少，但元件容量大，适合于小功率步进电动机的驱动。

（5）调频调压电路

步进电动机低频时因绕组电流过大易于产生振荡，高频时由于注入电流减少导致转矩下降，因此，理想情况下希望实现低频低压或高频高压。步进电动机低频运行时调低供电电压，高频运行时调高供电电压，使绕组电压随着电动机的转速变化而变化。

第二节　伺服系统中执行器的选择

执行器的种类很多，各种类型执行器的特性、成本、结构及安装方式有很大区别。选择何种执行器，应根据控制方法、成本、工作环境等要求综合考虑。

一、执行器形式的选择

执行器驱动的执行机构常见的输出主要是直线运动和旋转运动。

（一）直线运动机构执行器的选择

实现直线运动的执行器主要有直线电动机、液压缸、气缸等。它们都可以直接驱动负载等，产生直线运动。直接驱动的优点是负载与驱动元件直接连接，执行机构比较简单；缺点是直线执行元件的种类相对较少，尺寸较大。液压缸和气缸结构比较简单，但需要控制阀、动力源等辅助元件，所占空间较大；液压源噪声较大，也存在环境污染等问题。直线电动机体积比较大，价格比较昂贵。

实现直线驱动的另一种方法是采用转动执行器，然后通过中间机构实现直线运动，如采用电动机丝杠螺母机构、电动机齿轮齿条机构、电动机连杆机构等。其主要特点是通过一个中间传动机构将电动机的运动传递给负载。通常，中间机构可以实现大的传动比，具有较小的折算惯量，控制性能好。

用电动机实现直线驱动时，采用转动电动机比采用直线电动机直接驱动结构紧凑，控制性能好，成本低。对于应用气源方便、对控制精度要求不高、采用开关控制就能满足要求的各类包装机械等，使用气缸驱动比较合适。对于工作环境恶劣，有防爆、防水要求，如化工领域中的应用等，多使用液压缸实现直线运动。

（二）旋转运动机构执行器的选择

实现旋转运动可采用电动机、气压马达或液压马达等执行器。使用气压马达或液压马达驱动时，一般不使用中间传动机构，将马达轴与负载直接耦合，传动机构简单，结构紧凑。使用电动机驱动时，一般使用较大传动比的减速器，以获得合适的运动速度和负载能力。在相同的负载下，液压马达比电动机齿轮机构尺寸小、负载刚度大、快速性好。使用液压马达驱动时，需要使用电液伺服阀和专用的液压动力源，对环境有污染，成本比较高。使用液压缸通过杠杆机构也可以实现转动。液压缸较液压马达结构简单，成本低，在实际中应用也很普遍。表 6–1 列出了用电动机、液压缸及液压马达、气缸实现转动驱动的特点。

表 6–1　常用执行器的主要特点

特点	直流伺服电动机	交流伺服电动机	步进电动机	液压缸及液压马达	气缸
结构形式	直线式、转动式	转动式	直线式、转动式	直线式、转动式	直线式、转动式
工作介质	—	—	—	液压油、水	压缩空气
使用环境	一般工业环境	一般工业环境	一般工业环境	恶劣环境	一般工业环境
功率密度 / 单位体积	中等	中等	较小	最大	小
输出力矩、输出功率	中等	较大	较小	较大	较小
控制方式	闭环调速控制，闭环位置控制	闭环调速控制，闭环位置控制	开环位置控制，开环速度控制	闭环速度控制，闭环位置控制	开关控制，闭环速度控制，闭环位置控制
与执行机构的匹配方式	直线电动机直接驱动，转动电动机加减速器驱动	直接驱动或加减速器驱动	直接驱动小功率负载或加减速器驱动	直接驱动	直接驱动

（续表）

特点	直流伺服电动机	交流伺服电动机	步进电动机	液压缸及液压马达	气缸
负载特性	直接驱动时，负载刚度较差，加减速器后可获得较好的负载特性	较强的带负载能力	带负载能力较差，启动速度受负载惯量大小的限制	带负载能力强，负载刚度大	带负载能力强，负载刚度差
使用场合	中、小功率伺服驱动系统，如工业机器人、数控机床等	大、中功率伺服驱动系统，如数控机床	小功率驱动系统，自动化仪表驱动	大功率驱动系统，恶劣环境中的驱动系统，如水下机器人	小功率驱动系统，如应用于各种装配生产线
成本	结构工艺复杂，专用功率电源，成本较高	专用交流调速电源，成本较高	开环控制，成本较低	需专用伺服元件、液压站，成本较高	采用通用工业气源，成本较低

二、电动机功率的确定

（一）连续恒定负载运行的电动机功率

当电动机在恒定负载运行期间温升达到稳定值时，便将其作为连续负载考虑。

电动机功率的计算公式为

$$P=\frac{Tn}{9550}$$

式中：P——电动机的计算功率，单位为 kW；

T——折算到电动机轴上的负载转矩，单位为 N·m；

n——电动机的额定转速，单位为 r/min。

选用的电动机额定功率必须稍大于或等于计算功率的值。当电动机使用环境的温度与标准的 40 ℃相差较大时，电动机的额定功率要计入温度修正系数。例如，当使用环境温度为 45 ℃时，电动机的额定功率约下降 5%，50℃时约下降 12.5%。

（二）连续周期性变化负载的电动机功率

连续周期性变化负载的电动机功率计算常用等效转矩法，其步骤如下：

（1）计算并绘制折算到电动机轴上的负载转矩，即

$$T=f(t)$$

（2）计算变化负载的等效转矩，即

$$T=\sqrt{\frac{T_1^2t_1+T_2^2t_2+\cdots}{t_1+t_2+\cdots}}=\sqrt{\frac{1}{T_{\mathrm{T}}}\sum_{i=1}^{n}T_i^2t_i}$$

式中：T——等效负载转矩，单位为 N·m；

T_1，T_2，…，T_i——各段负载转矩，单位为 N·m；

$T_{\mathrm{T}}=\sum_{i=1}^{n}t_i$——各段负载的持续时间，单位为 s。

首先按负载初选电动机的型号，然后在原转矩图叠加加速阶段的动态转矩，这样即可得到实际的转矩图，再按上述计算公式求得电动机的等效转矩。

（3）电动机转矩的校验。当计算的转矩 $T \leqslant T_{\mathrm{N}}$（所选电动机的额定转矩）时，即认为所选电动机型号可用。

该方法适宜于电动机转矩与电流成正比的使用场合，不适合用于运行周期内频繁启动 / 制动的笼型异步电动机。

（三）短时工作制的电动机功率

短时工作制是指电动机的运行时间短，停止时间却很长，电动机的温升达不到稳定值。选择短时工作制的电动机，首先要校验它的启动转矩是否足够，应把电动机的过载能力考虑在内。

负载所需的启动转矩为

$$T_{\mathrm{s}}\geqslant\frac{T_{\max}K_{\mathrm{s}}}{K_{\mathrm{v}}^2}$$

式中：T_{s}——负载所需的启动转矩，单位为 N·m；

$T_{\max}$——启动过程中的最大负载转矩，单位为 N·m；

K_s——加速所需的动态转矩系数，一般取 1.15 ~ 1.25；

K_v——电压波动系数。

如果选用异步电动机，其额定功率应满足以下条件：

$$P_R \geqslant \frac{P_{max}}{0.75\lambda}$$

式中：P_R——电动机的额定功率，单位为 kW；

P_{max}——短时工作的最大负载功率，单位为 kW；

λ——电动机的转矩过载倍数。

（四）断续工作制的电动机功率

断续工作制的周期不超过 10 min，其中包括电动机的启动、运行、制动、停止等几个阶段。普通的电动机一般难以胜任如此频繁的操作，必须选择一类专用电动机。断续工作制的电动机以负载持续率 *FC* 来标定它的额定功率，*FC* 值有 15%、25%、40%、60% 四种。同一电动机在不同的 *FC* 值下工作，其额定功率是不同的。*FC* 值越小，则额定功率越大。该类电动机的特点是机械强度高，启动和过载能力很强，但它的机械特性较软，效率稍低。

断续工作制电动机的功率计算，可按运行期间的负载先计算出所需的功率，其方法同连续工作制的电动机功率计算，然后按实际 *FC* 值找到所需电动机型号。

第七章　机电一体化控制系统设计

第一节　控制系统概述

计算机因其运算速度快、可靠性高、价格便宜，被广泛地应用于工业、农业、国防以及日常生活的各个领域。在现代化生产车间，许多常规的控制仪表和调节器已经被计算机所取代，计算机不断地监控整个生产过程，对生产中的各种参数，如温度、压力、流量、液位、转速和成分等进行采样，迅速进行复杂的数据处理，并发出各种控制命令。

一、计算机控制系统的组成

将模拟式自动控制系统中控制器的功能用计算机来实现，就组成了一个典型的计算机控制系统。简单地说，计算机控制系统就是采用计算机来实现的工业自动控制系统。

在控制系统中引入计算机，可以充分利用计算机的运算、逻辑判断和记忆等功能完成多种控制任务。由于计算机只能处理数字信号，给定值和反馈值要先经过 A/D 转换器转换为数字量，才能输入计算机。当计算机接收了给定值和反馈值后，依照偏差值，按某种控制规律进行运算（如 PID 运算），计算结果（数字信号）再经过 D/A 转换器转换成模拟控制信号输出到执行机构，便完成了对系统的控制。

典型的机电一体化控制系统包含硬件和软件两大部分。硬件是指计算机本身及其外围设备，一般包括中央处理器、内存储器、磁盘驱动器、各种接口电路、以 A/D 转换和 D/A 转换为核心的模拟量 I/O 通道和数字量 I/O 通道以及各种显示和记录设备、运行操作台等。

由中央处理器、时钟电路、内存储器等构成的计算机主机是计算机控制系统的核心部件，主要进行数据采集、数据处理、逻辑判断、控制量计算、越限报警等，通过接口电路向系统发出各种控制命令，指挥全系统有条不紊地协调工作。

操作台是人－机对话的联系纽带。操作人员可通过操作台向计算机输入和修改控制参数，发出各种操作命令；计算机可向操作人员显示系统运行状况，发出报警信号。操作台一般包括各种控制开关、数字键、功能键、指示灯、声讯器、数字显示器或图形显示器等。

通用外围设备主要是为了扩大计算机主机的功能而配置的，用来显示、存储、打印、记录各种数据。常用的有打印机、记录仪、图形显示器、软盘、硬盘及外存储器等。

I/O 接口与 I/O 通道是计算机主机与外部连接的桥梁。I/O 接口有并行接口和串行接口。I/O 通道有模拟量 I/O 通道和数字量 I/O 通道。模拟量 I/O 通道的作用：一方面，将经由传感器得到的工业对象的生产过程参数转换成二进制代码传送给计算机；另一方面，将计算机输出的数字控制量变换为控制操作执行机构的模拟信号，以实现对生产过程的控制。数字量 I/O 通道除完成编码数字输入、输出外，还可将各种继电器、限位开关等的状态通过输入接口传送给计算机，或将计算机发出的开关动作逻辑信号经由输出接口传送给生产机械中的各个电子开关或电磁开关。

传感器的主要功能是将被检测的非电学量参数转变成电学量，如热电偶把温度变成电压信号，压力传感器把压力变成电信号。变送器的作用是将传感器得到的电信号转变成适用于计算机接口使用的标准的电信号。

为了控制生产过程，还需有执行机构。常用的执行机构包括各种电动、液动、气动开关，电液伺服阀，交、直流电机，步进电机等。

软件是指计算机控制系统中具有各种功能的计算机程序的总和，用于完成操作、监控、管理、控制、计算和自诊断等功能。整个系统在软件的指挥下协调工作。从功能区分，软件可分为系统软件和应用软件。

系统软件是由计算机的制造厂商提供的，用来管理计算机本身的资源和方便用户使用计算机的软件。常用的系统软件有操作系统、开发系统等，它们一般不需用户自行设计编程，只需掌握使用方法或根据实际需要加以适当改造即可。

应用软件是用户根据要解决的控制问题而编写的各种程序，如各种数据采集、滤波程序、控制量计算程序、生产过程监控程序等。

在计算机控制系统中，软件和硬件不是独立存在的，在设计时必须注意两者间的有机配合和协调，只有这样才能研制出满足生产要求的高质量的控制系统。

二、计算机控制系统的分类

根据计算机在控制系统中的应用方式，可以把计算机控制系统划分为四类，即操作指导控制系统、直接数字控制系统、监督计算机控制系统和分级计算机控制系统。

（一）操作指导控制系统

在操作指导控制系统中，计算机的输出不直接用来控制生产对象。计算机只是对生产过程中的参数进行采集，然后根据一定的控制算法计算出供操作人员参考、选择的操作方案和最佳设定值等，操作人员根据计算机的输出信息改变调节器的设定值，或者根据计算机输出的控制量执行相应的操作。操作指导控制系统的优点是结构简单，控制灵活安全，特别适用于未摸清控制规律的系统，常常被用于计算机控制系统研制的初级阶段，或用于试验新的数学模型、调试新的控制程序等。由于操作指导控制系统最终需人工操作，故不适用于快速过程的控制。

（二）直接数字控制系统

直接数字控制（DDC）系统是计算机用于工业过程控制最普遍的一种方式。计算机通过输入通道对一个或多个物理量进行巡回检测，并根据规定的控制规律进行运算，然后发出控制信号，通过输出通道直接控制调节阀等执行机构。

DDC 系统中的计算机参与闭环控制过程，它不仅能完全取代模拟调节器，实现多回路的 PID（比例、积分、微分）调节，而且不需要改变硬件，只需改变程序就能实现多种复杂的控制，如串级控制、前馈控制、非线性控制、自适应控制、最优控制等。

（三）监督计算机控制系统

在监督计算机控制（SCC）系统中，计算机根据工艺参数和过程参量检测值，按照所设计的控制算法计算出最佳设定值，直接传送给常规模拟调节器或者 DDC 计算机，最后由模拟调节器或 DDC 计算机控制生产过程。SCC 系统有两种类型，一种是 SCC+ 模拟调节器系统，另一种是 SCC+DDC 系统。

1.SCC+ 模拟调节器系统

这种类型的系统中，计算机对各过程参量进行巡回检测，并按一定的数学模型对生产工况进行分析、计算，得出被控对象各参数的最优设定值，送给调节器，使工况保持在最优状态。当 SCC 计算机发生故障时，可由模拟调节器独立执行控制任务。

2.SCC+DDC 系统

这是一种二级控制系统，SCC 可采用较高档的计算机，它与 DDC 之间通过接口进行信息交换。SCC 计算机完成工段、车间等高一级的最优化分析和计算，然后给出最优设定值，送给 DDC 计算机执行控制。

通常在 SCC 系统中，选用具有较强计算能力的计算机，其主要任务是输入采样和计算设定值。由于它不参与频繁的输出控制，有时间进行具有复杂规律的控制算式的计算。因此，SCC 能进行最优控制、自适应控制等，并能完成某些管理工作。SCC 系统不仅可以进行复杂控制规律的控制，而且工作可靠性较高，当 SCC 出现故障时，下级仍可继续执行控制任务。

（四）分级计算机控制系统

生产过程中既存在控制问题，也存在大量的管理问题。由于设备一般分布在不同的区域，各工序、各设备同时并行地工作，基本相互独立，故全系统是比较复杂的。这种系统的特点是功能分散，用多台计算机分别执行不同的控制功能，既能进行控制，又能实现管理。例如：四级计算机控制系统过程控制级为最底层，对生产设备进行直接数字控制；车间管理级负责本车间各设备间的协调管理；工厂管理级负责全厂各车间生产协调，包括安排生产计划、备品备件等；企业（公司）管理级负责总的协调，安排总生产计划，进行企业（公司）经营方向的决策等。

三、典型机电一体化控制系统

（一）计算机过程控制系统

用计算机对温度、压力、流量、液面、速度等过程参数进行测量与控制的系统称为计算机过程控制系统。例如，工业炉的燃料为燃料油或者煤气，为了保证燃料在炉膛内正常燃烧，必须保持燃料和空气的比值恒定。燃料和空气的比值控制可以防止空气太多时，过剩空气带走大量热量；也可防止空气太少时，由于燃料燃烧不完全而产生一氧化碳或炭黑。为了保持所需的炉温，将测得的炉温送入数字计算机计算，进而控制燃料和空气阀门的开度。为了保持炉膛压力恒定，避免在压力过低时从炉墙的缝隙处吸入大量过剩空气，或在压力过高时大量燃料通过缝隙逸出炉外，同时还采用了压力控制回路。测得的炉膛压力送入计算机，进而控制烟道出口挡板的开度。为了提高炉子的热效率，还需对炉子排出的废气进行分析，一般是用氧化锆传感器测量烟气中的微量氧，通过计算得出其热效率，并用以指导燃烧调节。

（二）计算机控制的电机调速系统

由于计算机具有良好的运算、信息存储、逻辑判断和数据处理能力，电机调速系统中的许多控制要求很容易通过计算机实现。例如，变流装置的非线性补偿，启动和调速时选用不同的控制方式或不同的控制参数，四象限运行时的逻辑切换等。采用计算机控制，可大大提高系统的性能。

（三）计算机数字程序控制系统

采用计算机来实现顺序控制和数字程序控制是计算机在自动控制领域中应用的一个重要方面，其广泛地应用于机床控制、生产自动线控制、运输机械控制和交通管理等许多工业自动控制系统中。

顺序控制系统是使生产机械或生产过程按预先规定的时序（或现场输入条件等）而顺序动作的自动控制系统，目前这类系统中多采用微处理器构成的可编程序控制器（PC 或 PLC）。可编程序控制器使用方便，可靠性高，应用广泛。

数字程序控制系统是指能根据输入的指令和数据，控制生产机械按规定的工作顺序、运动轨迹、运动距离和运动速度等规律而自动完成工作的自动控制系统。数字程序控制系统一般用于机床控制系统中，这类机床称为数控机床。

目前，数字程序控制系统多采用16位、32位工业控制微机系统或多微处理机系统控制。数字程序控制系统按运动轨迹可以分为点位控制系统和轮廓控制系统。在点位控制系统中，被控机构（如刀具）在移动中不进行加工，对运动轨迹没有具体要求，只要能准确定位即可，它适用于数控钻床、冲床等的控制。在轮廓控制系统中，被控机构按加工件的设计轮廓曲线连续地移动，并在移动中进行加工，最终将工件加工成所需的形状，它适用于数控铣床、车床、线切割机、绣花机的控制。

（四）工业机器人

工业机器人是一种应用计算机进行控制、替代人进行工作的高度自动化系统，它主要由控制器、驱动器、夹持器、手臂和各种传感器组成。工业机器人的计算机系统能够对力觉、触觉、视觉等外部反馈信息进行感知、理解和决策，并及时按要求驱动运动装置、语音系统等完成相应任务。

第二节　微型机控制系统

由于数字信息处理技术和计算机技术的迅速发展，使得计算机尤其是微型计算机（简称微型机）在工业控制领域中的应用越来越广泛，传统的模拟式信息处理和控制装置正逐步被数字计算机所取代。目前，在机电一体化产品中，多数是以微型机为核心构成控制装置。因此，要进行机电一体化产品的设计与开发，就必须了解和掌握微型机控制技术及其控制系统的设计方法。

一、微型机控制系统的组成及特点

（一）微型机控制系统的组成

微型机控制系统由硬件和软件两大部分组成。硬件一般包括微型机、外围设备、输入 / 输出通道和操作台等。微型机与工业对象之间的输入 / 输出通道，包括数字量通道和模拟量通道。软件主要是指支持系统运行，并对系统进行管理和控制的程序系统，包括系统软件和应用软件。系统软件是指程序设计系统（指令系统、程序设计语言及相应的编辑、编译系统等）、诊断程序、操作系统及与计算机密切相关的通用程序等；应用软件则是用户针对要解决的实际问题而开发的各种控制程序。

（二）微型机控制系统的特点

（1）具有完善的输入 / 输出通道，包括模拟量输入 / 输出通道和数字量或开关量输入 / 输出通道等，这是微型机有效地发挥其控制功能的重要保证。

（2）具有实时控制功能，换句话说，就是具有完善的中断系统、实时时钟及高速数据通道，以保证对被控对象状态及参数的变化以及一些紧急情况具有迅速响应的能力，并能够实时地在微型机与被控对象之间进行信息交换。

（3）可靠性高，对环境适应性强，以保证在生产现场应用的要求。

（4）具有丰富、完善、能正确反映被控对象运动规律并对其进行有效控制的软件系统。

二、z 变换

在连续控制系统中，信号是以连续的模拟量形式被处理和传递的，系统的数学模型常用拉普拉斯传递函数等来描述，系统的分析与设计以拉普拉斯变换为主要数学工具。微型机控制系统是一种离散控制系统，系统的数学模型常用脉冲传递函数等来描述，系统的分析与设计则以 z 变换为主要数学工具。为了进行微型机控制系统的设计，必须首先掌握 z 变换及脉冲传递函数等数学基础。

（一）z 变换的意义

通过采样可把连续变化的模拟信号 $f(t)$ 转换成一连串离散的脉冲信号 $f^*(t)$。对于周期采样，若采样时间 τ 足够小，则由采样所获得的离散脉冲信号 $f^*(t)$ 可用下式表达：

$$f^*(t)=\sum_{k=0}^{\infty}f(kT)\delta(t-kT)$$

式中，T 是采样周期；δ（$t-KT$）是在 $t=KT$ 时刻出现的单位脉冲函数，即

$$\delta(tk-T)=\begin{cases}1,\ tk=T\\0,\ tk\neq T\end{cases}$$

对式 $f^*(t)=\sum_{k=0}^{\infty}f(kT)\delta(t-kT)$ 进行拉普拉斯变换，得

$$F^*(s)=L\left[f^*(t)\right]=\sum_{k=0}^{\infty}f(kT)\mathrm{e}^{-kT}$$

令

$$z=\mathrm{e}^{sT}$$

则式 $F^*(s)=L\left[f^*(t)\right]=\sum_{k=0}^{\infty}f(kT)\mathrm{e}^{-kT}$ 可写成

$$Z\left[f^*(t)\right]=\sum_{k=0}^{\infty}f(kT)z^{-k}$$

这就是采样信号 $f^*(t)$ 的 z 变换表达式。

对于连续信号 $f(t)$，其 z 变换就定义为采样信号 $f(t)$ 的 z 变换，即

$$Z[f(t)]=Z\left[f^*(t)\right]=F(z)=\sum_{k=0}^{\infty}f(kT)z^{-k}$$

$$=f(0)+f(T)z^{-1}+f(2T)z^{-2}+\cdots$$

由此可见，连续信号 $f(t)$ 的 z 变换实质上就是离散信号 $f^*(t)$ 的拉普拉斯变换，只不过在 $f^*(t)$ 的拉普拉斯变换式中采用了式 $z=\mathrm{e}^{sT}$ 的代换。通过这样的代换使得表达式更加简单，更加便于分析和计算。按照 z 变换的定义，

连续信号 $f(t)$ 的 z 变换可通过下述步骤来实现：

（1）以周期 T 对 $f(t)$ 采样，得到 $f^*(t)$。

（2）对 $f^*(t)$ 进行拉普拉斯变换，得到 $F^*(s)$。

（3）将 $F^*(s)$ 中所包含的 e^{sT} 因子用 z 代换，得到 $f(t)$ 的 z 变换 $F(z)$。

连续信号的 z 变换包括了采样过程，而且和采样周期 T 有关。应当指出，一个连续信号 $f(t)$ 取 z 变换后，只能表征该信号在各采样时刻 KT 上的特性，而不能反映该信号在各采样时刻之间的特性。也就是说，$f(t)$ 的 z 变换只和采样信号 $f^*(t)$ 有一一对应的关系。

z 变换与拉普拉斯变换一样，也可以求反变换，即 z 反变换。通过 z 反变换，可以由 $F(z)$ 得出 $f^*(t)$，但却不能直接得出 $f(t)$。由 $f(t)$ 经过保持器后能否恢复原信号 $f^*(t)$，取决于在 z 变换过程中，香农采样定理是否得到了满足。

（二）连续信号的 z 变换方法

1. 从连续时间信号求 z 变换

当连续信号以时间函数的形式给出时，可直接由定义来确定其 z 变换，也可采用查表的方法求取 z 变换。

2. 由拉普拉斯变换求 z 变换

当连续信号以拉普拉斯变换的形式给出时，可先将其反变换成时域信号，然后采用前面介绍的方法求得其 z 变换；也可先将其展开成简单的部分分式，然后用熟知的结果或查表求得其 z 变换。

（三）z 变换的性质

z 变换具有和拉普拉斯变换类似的性质，它们可使问题的分析和求解变得更加简单。

1. 线性定理

若 $f_1(t)$、$f_2(t)$ 的 z 变换为 $F_1(z)$、$F_2(z)$，且 $f(t)=af_1(t)+bf_2(t)$，则

$$F(z)=aF_1(z)+bF_2(z)$$

2. 滞后定理（延迟定理）

若 $Z[f(t)]=F(z)$，且 $t<0$ 时，$f(t)=0$，则

$$Z[f(t-mT)]=z^{-m}F(z)$$

式中：T——采样周期；

m——一正整数。

3. 超前定理

若 $Z[f(t)]=F(z)$，则

$$Z[f(t+mT)]=z^{m}F(z)-z^{m}\sum_{k=0}^{m-1}f(kT)z^{-k}$$

若 $f(0)=f(T)=f(2T)=\cdots=f[(m-1)T]=0$，则

$$Z[f(t+mT)]=z^{m}F(z)$$

4. 初值定理

若 $f(t)$ 的 z 变换为 $F(z)$，且 $\lim\limits_{z\to\infty}F(z)$ 存在，则

$$f(0)=\lim_{z\to\infty}F(z)$$

5. 终值定理

若 $f(t)$ 的 z 变换为 $F(z)$，且 $f(kT)$ 具有固定的有限终值，则

$$\lim_{t\to\infty}f(t)=\lim_{k\to\infty}f(kT)=\lim_{z\to 1}[(z-1)F(z)]$$

三、z 反变换

z 反变换是根据 z 变换函数 $F(z)$ 反求出原来的采样函数 $f^{*}(t)$ 或 $f(kT)$，记为

$$f(kT)=Z^{-1}[F(z)]$$

在微型机控制系统中，实际的控制过程都是在时域内进行的，控制算法及程序是按差分方程设计的。因此，在采用 z 变换对控制系统进行分析、求解并设计出合适的控制器后，还要通过 z 反变换将解转换回时域内，以得到一个脉冲序列或差分方程。

（一）幂级数展开法

采用幂级数展开法求取 z 反变换时，将 z 变换函数展开成幂级数形式，根据 z 变换的定义，幂级数中各项的系数就是各采样时刻的原函数值 $f(kT)$。

（二）部分分式法

当 z 变换函数 $F(z)$ 是有理分式时，可先将其分解成简单的部分分式之和，然后利用 z 变换定理及查表等方法获得 z 反变换。

四、z 传递函数

（一）z 传递函数的定义

在输入和输出的初始条件均为零的情况下，一个环节或系统的输出脉冲序列（即输出采样信号）$y^*(t)$ 的 z 变换 $Y(z)$ 与输入脉冲序列（即输入采样信号）$x^*(t)$ 的 z 变换 $X(z)$ 之比，称为该环节或系统的 z 传递函数，又称脉冲传递函数。如用 $G(z)$ 来表示系统的 z 传递函数，则

$$G(z)=\frac{Z\left[y^*(t)\right]}{Z\left[x^*(t)\right]}=\frac{Y(z)}{X(z)}$$

z 传递函数可用来描述离散系统的结构和特性，是分析和设计微型机控制系统的一个重要工具。

（二）z 传递函数的联接方式

与拉普拉斯传递函数一样，z 传递函数也可用方框图表示，并且具有串联、并联和反馈联接三种联接方式，如图 7–1 所示。

串联方式下，系统的 z 传递函数为

$$G(z)=\frac{Y(z)}{X(z)}=G_1(z)G_2(z)$$

并联方式下，系统的 z 传递函数为

$$G(z)=\frac{Y(z)}{X(z)}=G_1(z)+G_2(z)$$

反馈联接方式下，系统的 z 传递函数为

$$G(z)=\frac{Y(z)}{X(z)}=\frac{G_0(z)}{1+H(z)G_0(z)}$$

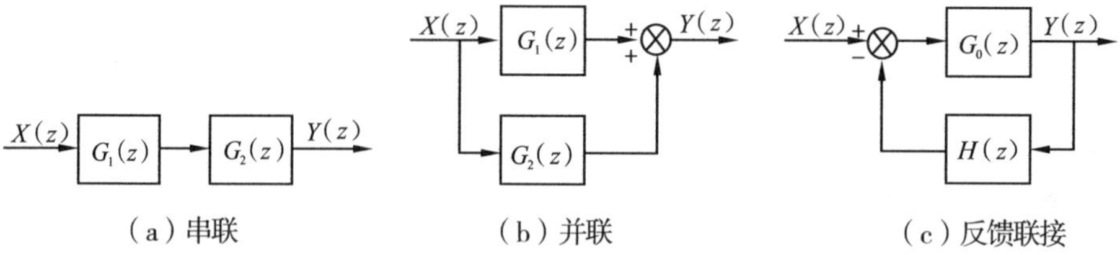

图 7–1　z 传递函数的联接方式

五、连续系统的离散化

在分析和设计微型机控制系统时，常先按连续系统建立其数学模型，选定控制器结构，采用连续系统的分析方法对系统结构和性能进行研究，然后将连续系统转化成离散系统，以获得实际的控制算法并设计相应的控制程序。这是因为人们对于连续系统已经有了比较成熟的分析和设计方法，积累了丰富的经验。此外，在微型机控制系统中，被控对象是一个连续环节，而数字控制器却是一个离散环节，为了对整个系统采用统一的方法进行分析和研究，需要对连续系统进行离散化。

（一）脉冲响应不变法

脉冲响应不变法是基于系统对单位脉冲信号的响应的拉普拉斯变换或 z 变换在形式上与系统的拉普拉斯传递函数或 z 传递函数一致这一性质的。

设某连续系统的拉普拉斯传递函数为 $G(s)$，在单位脉冲信号 $\delta(t)$ 的作用下，其输出响应为 $y(t)$。由于 $L[\delta(t)]=1$，则

$$Y(s)=G(s)L[\delta(t)]=G(s)$$

类似地，若与 $G(s)$ 等效的系统 z 传递函数为 $G(z)$，系统的单位脉冲响应函数 $y(t)$ 的 z 变换为 $Y(t)$，由于 $Z[\delta(t)]=1$，则

$$Y(z)=G(z)Z[\delta(t)]=G(z)$$

$$G(z)=Y(z)=Z[y(t)]=Z[G(s)]$$

可见，连续系统拉普拉斯传递函数的 z 变换就是等效的离散系统的 z 传递函数。

采用脉冲响应不变法对连续系统进行离散化的方法和步骤与由拉普拉斯变换求 z 变换的方法和步骤是完全一样的，但其物理意义不同，后者是对一个信号进行 z 变换，而前者是将一个系统或环节进行离散化。

在采用脉冲信号或伪随机信号对系统进行测试实验时，所得到的是系统的脉冲响应函数，根据脉冲响应不变法的原理，可以很容易地辨识出系统的离散数学模型，即 z 传递函数。

（二）零阶保持器法

零阶保持器是最简单的一种保持器，其输入是各采样时刻的脉冲信号，输出是由持续时间等于采样周期的脉冲响应组成的分段连续信号。容易证明，零阶保持器的拉普拉斯传递函数为

$$G_{\mathrm{h}}(s)=\frac{1-\mathrm{e}^{-sT}}{s}$$

如果离散系统中采用了零阶保持器，则对应的连续系统的传递函数中必然包含零阶保持器的传递函数，即

$$G(s)=G_{\mathrm{h}}(s)G'(s)=\frac{1-\mathrm{e}^{-sT}}{s}G'(s)$$

式中，$G'(s)$ 是系统中除去零阶保持器外的其他环节的传递函数。对 $G(s)$ 取 z 变换得

$$G(z)=Z[G(s)]=Z\left[\frac{G'(s)}{s}-\frac{G'(s)}{s}\mathrm{e}^{-sT}\right]$$

$$=Z\left[\frac{G'(s)}{s}\right]-Z\left[\frac{G'(s)}{s}\right]z^{-1}=\left(1-z^{-1}\right)Z\left[\frac{G'(s)}{s}\right]$$

采用前面介绍过的各种 z 变换方法求出 $Z[G'(s)/s]$，就得到带有零阶保持器的连续系统的 z 传递函数，从而实现连续系统的离散化。

（三）双线性变换法

双线性变换法又称梯形积分法，是基于梯形法数值积分原理来实现连续系统离散化的。设有一积分系统，其输入信号为 $x(t)$，输出信号 $y(t)$ 及系统拉普拉斯传递函数为

$$y(t)=\int_0^t x(t)\mathrm{d}t$$

$$G(s)=\frac{Y(s)}{X(s)}=\frac{1}{s}$$

若采用梯形法数值积分，取步长为 T，kT 时刻输入信号为 $x(kT)$，输出信号为 $y(kT)$，如图 7–2 所示，则可得差分方程：

$$y(kT)-y(kT-T)=\frac{T}{2}[x(kT)+x(kT-T)]$$

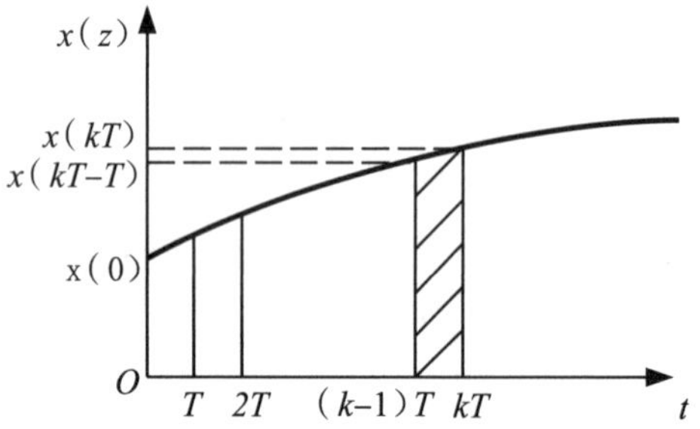

图 7–2　梯形法数值积分

对该差分方程取 z 变换，得

$$Y(z)-z^{-1}Y(z)=\frac{T}{2}\left[X(z)+z^{-1}X(z)\right]$$

$$G(z)=\frac{Y(z)}{X(z)}=\frac{\frac{T}{2}\left(1+z^{-1}\right)}{1-z^{-1}}=\frac{1}{\frac{2}{T}\frac{1-z^{-1}}{1+z^{-1}}}$$

比较可知，如果用

$$s=\frac{2}{T}\frac{1-z^{-1}}{1+z^{-1}}$$

代入系统的拉普拉斯传递函数，就可得到系统的 z 传递函数表达式，从而实现连续系统的离散化。

梯形法数值积分是一种近似积分，积分精度与选取的步长 T 有关，因此双线性变换也是一种近似变换，采样周期 T 取得越小，变换的精度（或叫保真度）越高。

（四）微分方程的差分近似法

当连续系统的数学模型用微分方程描述时，可用各采样时刻采样值的差分来近似地代替微分，从而实现连续系统的离散化。

设有一阶微分系统，输入信号为 $x(t)$，则系统的输出信号 $y(t)$ 和拉普拉斯传递函数 $G(s)$ 为

$$y(t)=\frac{\mathrm{d}x}{\mathrm{d}t}$$

$$G(s)=\frac{Y(s)}{X(s)}=s$$

若采用一阶向后差分，取步长为 T，如图 7–3 所示，则在采样时刻 kT，系统的输出可近似地表达成

$$y(kT)=\frac{1}{T}[x(kT)-x(kT-T)]$$

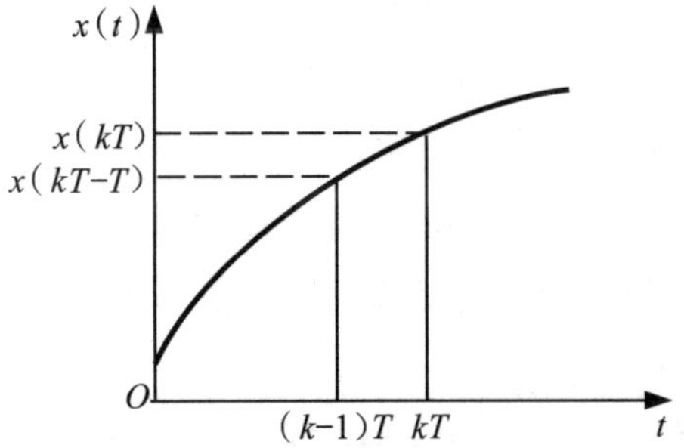

图 7–3 用向后差分近似计算微分

对该差分方程取 z 变换，得

$$Y(z)=\frac{1}{T}\left[X(z)-z^{-1}X(z)\right]$$

$$G(z)=\frac{Y(z)}{X(z)}=\frac{1}{T}\left(1-z^{-1}\right)$$

比较可知，如果用

$$s=\frac{1}{T}\left(1-z^{-1}\right)$$

代入式 $y(kT)=\frac{1}{T}[x(kT)-x(kT-T)]$，就可得到式 $G(z)=\frac{Y(z)}{X(z)}=\frac{1}{T}\left(1-z^{-1}\right)$。式 $s=\frac{1}{T}\left(1-z^{-1}\right)$ 就是采用向后差分的方法将连续系统转化成离散系统所用的变换公式。

采用同样的方法可求得用一阶向前差分来逼近一阶微分，并将连续系统转化成离散系统的变换公式为

$$s=\frac{1}{T}(z-1)$$

六、采样器对连续系统离散化的影响

在微型机控制系统中，连续变化的模拟信号需经采样保持器和 A/D 转换器变成微型机所能处理的离散数字信号。对于同样的连续系统，采样器的位置不同，其等效离散系统的 z 传递函数可能也不同。因此，在将连续系统离散化时，必须考虑采样器位置的影响。

图 7–4 所示为由两个环节串联组成的连续系统。当两个环节之间没有采样器时，经离散化后得到的离散系统结构如图 7–5 所示，其 z 传递函数为

$$G(z)=\frac{Y(z)}{X(z)}=G_1G_2(z)=Z\left[G_1(s)G_2(s)\right]$$

当在两个环节之间有采样器时，应将两个环节分别离散化后再进行联

接，其等效离散系统结构如图 7–6 所示，z 传递函数为

$$G'(z)=\frac{Y(z)}{X(z)}=G_1(z)G_2(z)=Z\left[G_1(s)\right]Z\left[G_2(s)\right]$$

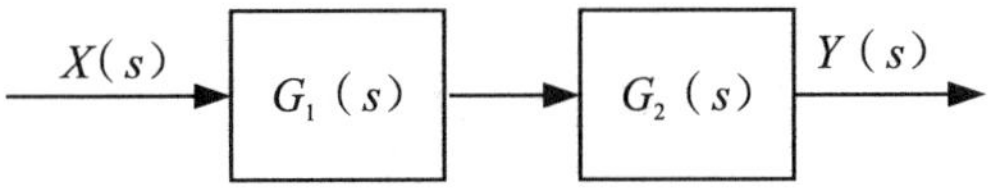

图 7–4　两个环节串联的连续系统

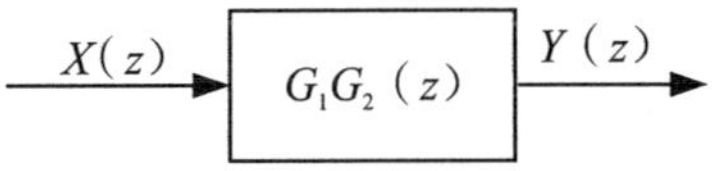

图 7–5　两个环节间无采样器时的等效离散系统

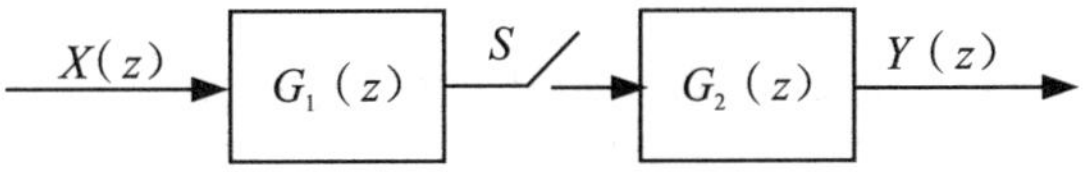

图 7–6　两个环节间有采样器时的等效离散系统

通过下面的例子可以证明 $G_1(z)G_2(z)\neq G_1G_2(z)$。

设 $G_1(s)=\frac{1}{s}$，$G_2(s)=\frac{1}{s+1}$，则

$$G(z)=G_1G_2(z)=Z\left[\frac{1}{s(s+1)}\right]=Z\left[\frac{1}{s}\right]-Z\left[\frac{1}{s+1}\right]=$$

$$\frac{z}{z-1}-\frac{z}{z-\mathrm{e}^{-T}}=\frac{z\left(1-\mathrm{e}^{-T}\right)}{(z-1)\left(z-\mathrm{e}^{-T}\right)}$$

$$G'(z)=G_1(z)G_2(z)=Z\left[\frac{1}{s}\right]Z\left[\frac{1}{s+1}\right]=$$

$$\left(\frac{z}{z-1}\right)\left(\frac{z}{z-\mathrm{e}^{-T}}\right)=\frac{z^2}{(z-1)\left(z-\mathrm{e}^{-T}\right)}$$

显然，$G'(z)=G_1(z)G_2(z)\neq G_1G_2(z)=G(z)$，说明采样器位置不同，对连续系统离散化的影响也不同。

实际的微机控制系统多数为闭环系统，其中既有连续信号，又有采样信号，既有连续环节，又有离散环节，其典型结构如图 7–7 所示。图中，$D(z)$ 是数字控制器的 z 传递函数；$G_h(s)$，$G_0(s)$，$H(s)$ 分别是 D/A 转换器（实质上是一个零阶保持器）、被控对象、检测反馈装置的拉普拉斯传递函数。

$$E(z)=X(z)-G_hG_0H(z)C(z)$$

$$C(z)=D(z)E(z)=D(z)\left[X(z)-G_hG_0H(z)C(z)\right]$$

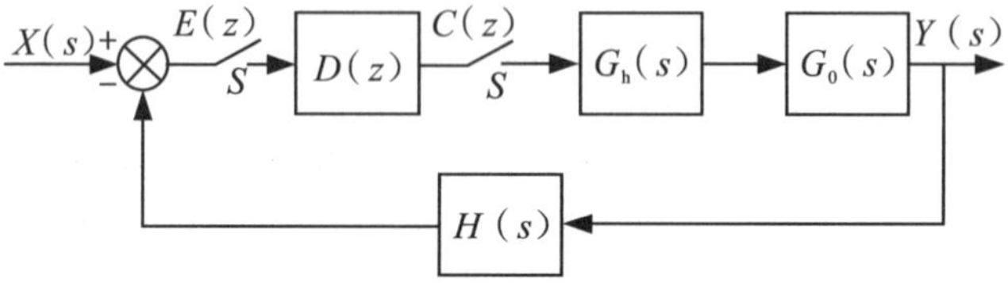

图 7–7　典型微型机控制系统框图

应当指出，由于采样器位置的影响，有些系统不能直接得到闭环 z 传递函数，但输出信号的 z 变换总是可以得到的。

七、离散系统的稳定性条件

离散系统在时域内常用差分方程来描述。如果系统差分方程的解是收敛的，该系统就是稳定的，否则就是不稳定的。

与连续系统的稳定性判别方法类似，离散系统的稳定性也可用其 z 传递函数的特征来判别。由于 z 变换是拉普拉斯变换的一种变形，离散系统在 z 平面上的稳定性条件可以由连续系统在 s 平面上的稳定性条件转化而来。

根据映射关系，可从连续系统的稳定性条件得出离散系统的稳定性条件。线性连续系统稳定的充要条件是其闭环传递函数的所有极点必须在 s 平面虚轴的左侧，因此其等效离散系统稳定的充要条件是其闭环 z 传递函数的所有极点 z_i 必须在 z 平面单位圆内，即

$$|z_i|<1,\ i=1,2,\cdots,n$$

第三节　智能控制系统

智能控制技术是指机电一体化系统能够在无人干预的情况下自动实现控制目标的控制技术。对许多复杂的系统，难以建立有效的数学模型，因此难以用基于模型的常规控制理论去分析和设计控制器。为此，人们提出使用类似于人的智慧和经验的知识来引导求解过程，这是一种基于知识的启发式解决问题的过程。这个过程能够使系统不断感知环境、获得信息，以减小不确定性，进而增强执行控制行为的能力。智能控制与传统的控制既有密切的关系，又存在着本质的区别。与传统自动控制系统相比，智能控制系统具有变结构特点，能够总体自寻优，具有自适应、自组织、自学习和自协调能力，有补偿及自修复能力和判断决策能力。

智能控制系统主要应用模糊逻辑、神经网络、专家系统、遗传算法等理论，以及自适应控制、自组织控制、自学习控制等技术。下面对几种主要的智能控制系统作简要的介绍。

一、专家控制系统

专家系统指模拟人类专家解决某一领域问题的计算机程序系统。专家系统一般由知识库、推理机、综合数据库、解释接口和知识获取五部分组成。将专家系统的理论和技术同控制理论和技术相结合，在未知环境下，仿效专家的经验，实现对被控对象的控制，就形成了专家控制系统。

（一）专家控制系统的结构

专家控制系统由知识库、算法库、实时推理机、动态数据库和人机接口等部分组成。

知识库由与被控对象的有关事实集、经验数据、经验公式和规则等构成。算法库中存放控制算法，如 PID、神经控制、预测控制等算法。实时推理机从知识库中选择有关知识，根据实时数据对控制算法进行推理，得出相应的控制决策。动态数据库用来存放系统实时采集与处理的数据。在设计专家控制系统时，应根据被控系统的复杂程度建造相应的知识模型、推理策略及控制算法集。

（二）专家控制系统的类型

根据专家控制器在控制系统中的作用和功能，专家控制器可以分为以下两种类型。

1. 直接型专家控制器

基于知识的控制器直接影响被控对象的专家控制器。

2. 间接型专家控制器指

基于知识的控制器间接影响被控对象的专家控制器。

二、自学习控制系统

（一）自学习与自学习控制系统的概念

自学习就是不具有外来校正的学习，或即不具惩罚和奖励的学习。一个开放性系统，如果能够通过对环境与系统自身的学习获得经验，并在运用此经验于系统的控制之后，能够基于人机交互的性能评价器，使系统的某个预先要求的性能指标得到改善，则称此系统为学习控制系统。如果性能评价器在无人参与的情况下完全自动实现，则称此系统为自学习控制系统。

（二）自学习控制系统的分类

1. 基于模式识别的学习控制

基于模式识别的学习控制包括三种方法：第一种是基于模式识别方法的双重控制的学习控制理论；第二种是把线性再励技术用于学习控制系统；第三种是基于贝叶斯学习估计的方法。

2. 异步自学习控制

异步自学习控制使用迭代与重复控制的方法进行学习，其基本过程是第 $k+1$ 次学习时的输入将基于第 k 次学习时的经验和输入获得，并且随着有效经验的不断积累而使实际输出经过学习逐渐逼近其期望输出。

3. 连接主义学习控制方法

连接主义学习控制就是基于神经网络进行自学习的控制。其基本思想是：利用具有学习能力的多层前馈神经网络对学习动态特性进行建模，使其或者作为学习控制器，或者作为性能评价估计器，通过与基于模式识别的学习控制和异步自学习控制的结合，从而能够在有人或无人监督的情况下，使系统的性能随着学习次数的增加而不断改善。

三、模糊控制系统

（一）模糊控制系统概述

模糊控制是以模糊集合论、模糊语言变量和模糊逻辑推理为基础的一种计算机控制技术。模糊控制的价值可从两方面来考虑：一方面，模糊控制提供一种实现基于规则的控制规律的新机理；另一方面，模糊控制为非线性控制器提出一个比较容易的设计方法，尤其是当受控对象具有不确定性而且很难用常规非线性控制理论处理时，更是有效。

（二）模糊控制的基础知识

模糊理论是建立在模糊集合基础之上的，是描述和处理人类语言中所特有模糊信息的理论。模糊理论的主要概念包括模糊集合、隶属函数、模糊运算、模糊关系和模糊推理等。边界不很明确的同一类模糊事物的集合，称为模糊集合。集合中元素的取值范围称为论域。隶属函数是表示模糊集合中元素属于该模糊集合的程度。

（三）模糊控制系统的结构

模糊控制系统通常由模糊控制器、输入/输出接口、广义被控对象和测量装置四部分组成。

（四）模糊控制器的实现

模糊控制器的控制规律是由计算机的程序实现的，具体步骤如下：

（1）根据本次采样值得到模糊控制器的输入量，并进行输入量化处理。

（2）对量化后的变量进行模糊化处理，得到模糊量。

（3）根据输入的模糊量及模糊控制规则，按模糊推理规则计算输出的模糊量。

（4）对得到的模糊输出量进行反模糊化处理，得到精确的控制量。

四、神经网络控制系统

神经网络具有很多适于控制的特性：神经网络可以处理难以用模型描述的系统；神经网络是分布式信息处理器，具有很强的容错性；神经网络是本质非线性系统，可实现任意非线性映射；神经网络具有很强的信息综合能力，能处理不同类型的输入，能很好解决信息之间的互补性和冗余性。因此，基于神经网络的控制系统，能够对不确定系统及扰动进行有效的控制，使控制系统达到所要求的动态特性和静态特性。

（一）神经网络控制系统的结构类型

神经网络在控制系统中可以充当对象的模型、控制器、优化计算环节等，因此神经网络控制器的结构形式较多。对于不同结构的神经网络控制系统，神经网络在系统中的位置和功能各不相同。

1. 神经网络监督控制

神经网络控制器建立被控对象的逆模型，基于传统控制器的输出，在线学习调整网络的权值，使反馈控制输入趋近于零，从而使神经网络控制器逐渐在控制作用中占据主导地位，并最终取消反馈控制器的作用。

2. 神经网络直接逆控制

用评价函数作为性能指标，调整神经网络控制器的权值。当性能指标为零时，神经网络控制器即为对象的逆模型。

3. 神经网络自适应控制

根据系统正向或逆模型的输出结果来调节神经或传统控制器的内部参数，使系统满足给定的指标。

（二）神经网络控制器的学习机制

神经网络控制器的学习就是寻找一种有效的途径进行网络连接权阵或网络结构的修改，从而使得网络控制器输出的控制信号能够保证系统输出跟随系统的期望输出。它分为监督式学习（有导师指导下的控制网络学习）和增强式学习（通过某一评价函数指定的学习）。

五、机器视觉系统

机器视觉就是用机器代替人眼来做测量和判断。机器视觉系统是指通过机器视觉产品（即图像获取装置，分 CMOS 和 CCD 两种）将被获取目标转换成图像信号，传送给专用的图像处理系统，根据像素分布和亮度、颜色等信息，转变成数字化信号；图像系统对这些信号进行各种运算来抽取目标的特征，进而根据判别的结果来控制现场的设备动作。机器视觉系统的目的就是给机器或自动生产线添加一套视觉系统，其原理是由计算机或图像处理器以及相关设备来模拟人的视觉行为。人的视觉系统由眼球、神经系统及大脑的视觉中枢构成，计算机视觉系统则是由图像采集系统、图像处理系统及信息综合分析处理系统构成。

（一）机器视觉系统的构成

一个典型的工业机器视觉系统由照明光源、镜头、工业摄像机、图像采集 / 处理卡、图像处理系统和其他外部设备等组成。

（二）机器视觉系统的特点

（1）非接触测量。对观测者与被观测者都不会产生损伤，从而提高了系统的可靠性。

（2）具有较宽的光谱范围。如可使用人眼看不见的红外测量，扩展了人眼的视觉范围。

（3）能长时间稳定工作。人类难以长时间对同一对象进行观察，而机器视觉则可以长时间进行测量、分析和识别。

机器视觉系统的应用领域越来越广泛，在工业、农业、国防、交通、医疗、金融，甚至体育、娱乐等行业都获得了广泛的应用，已经深入人们生活、生产的方方面面。

参考文献

[1] 封士彩，王长全. 机电一体化导论 [M]. 西安：西安电子科技大学出版社，2017.

[2] 张立娟，林伟强，汤承江. 机电一体化技术 [M]. 长春：吉林大学出版社，2017.

[3] 倪依纯. 机电一体化技术基础 [M]. 北京：北京理工大学出版社，2017.

[4] 芮延年. 机电一体化系统设计 [M]. 苏州：苏州大学出版社，2017.

[5] 乔印虎. 机电一体化技术实训教程 [M]. 重庆：重庆大学出版社，2017.

[6] 张利国，赵雷. 机电一体化技术专业课程体系改革与实践 [M]. 重庆：重庆大学出版社，2017.

[7] 吴国新. 光机电一体化仪器柔性集成关键技术研究 [M]. 北京：中央民族大学出版社，2017.

[8] 李德尧. 机电一体化技术 [M]. 长沙：湖南大学出版社，2017.

[9] 曾海峰，张立新. 机电一体化系统设计 [M]. 成都：电子科技大学出版社，2018.

[10] 罗力渊，郝建豹，宋春华. 机电一体化技术专业教学标准与课程标准 [M]. 成都：电子科技大学出版社，2018.

[11] 温贻芳. 机电一体化技术专业升级的创新与实践 [M]. 上海：同济大学出版社，2018.

[12] 李琦，戴文静. 机电一体化技术 [M]. 北京：北京航空航天大学出版社，2018.

[13] 张发军. 机电一体化技术 [M]. 北京：中国水利水电出版社，2018.

[14] 谢棚，樊浩，张宁. 电气工程与机电一体化 [M]. 北京：地质出版社，2018.

[15] 尚会超．机电一体化控制技术［M］．西安：西北工业大学出版社，2018.
[16] 冯涛，陈军．机电一体化实训教程［M］．咸阳：西北农林科技大学出版社，2019.
[17] 高安邦，胡乃文．机电一体化系统设计及实例解析［M］．北京：化学工业出版社，2019.
[18] 赵雷，张华，杨川．机电一体化技术专业建设标准［M］．重庆：重庆大学出版社，2019.
[19] 王兴东．机电一体化设备安装与调试［M］．北京：中国铁道出版社，2019.
[20] 梁荣汉，杨辉．机电一体化设备维修技术［M］．武汉：武汉大学出版社，2019.
[21] 陈波，张烨．机电一体化中的数字化检测与控制技术［M］．青岛：中国海洋大学出版社，2019.
[23] 徐航，杨豪虎，骆彩云．机电一体化技术［M］．上海：同济大学出版社，2019.
[24] 张豪主．机电一体化设备维修［M］．北京：化学工业出版社，2019.
[25] 冯浩．汪建新．赵书尚．机电一体化系统设计［M］．武汉：华中科技大学出版社，2020.
[26] 张德良．机电一体化设计与应用研究［M］．天津：天津科学技术出版社，2020.
[27] 闫玉涛．机电一体化系统设计（第3版）［M］．武汉：华中科学技术大学出版社，2020.
[28] 黎艳．智能制造数字孪生机电一体化工程与虚拟调试［M］．北京：机械工业出版社，2020.
[29] 闻邦椿．机械设计手册·机电一体化技术及设计［M］．北京：机械工业出版社，2020.
[30] 王文东．机电一体化技术［M］．西安：西安电子科学技术大学出版社，2021.

[31] 贾飞，张彤，宋柯．机电一体化工程与智能电网 [M]. 汕头：汕头大学出版社，2021.
[32] 梁全，谢基晨，聂利卫 .Amesim 机电一体化仿真教程 [M]. 北京：机械工业出版社，2021.
[33] 姜培刚．机电一体化系统设计（第 2 版）[M]. 北京：机械工业出版社，2021.
[34] 朱永丽，陆玉姣，邬东洋．机电一体化系统中检测与控制技术应用研究 [M]. 北京：中国原子能出版社，2021.
[35] 王璐欢，冯建栋．智能制造与机电一体化技术应用初级教程 [M]. 哈尔滨：哈尔滨工业大学出版社，2021.
[36] 赵俊英，王青云，温国强．机电一体化系统及其应用·工业机器人方向 [M]. 天津：天津大学出版社，2021.
[37] 李坤，刘辉．“做学教一体化”课程改革系列教材·机电控制仿真技术应用 [M]. 北京：机械工业出版社，2021.